雅致草堂
YAZHI CAOTANG

用图片阅读生活点滴

蒋青海◎编著

吉林科学技术出版社

图书在版编目（CIP）数据

新手养狗：喂食 洗澡 训练 狗狗乖 / 蒋青海编著. -- 长春：吉林科学技术出版社，2017.12
ISBN 978-7-5578-3380-0

Ⅰ．①新… Ⅱ．①蒋… Ⅲ．①犬－驯养 Ⅳ．①S829.2

中国版本图书馆CIP数据核字(2017)第265468号

## 新手养狗 喂食 洗澡 训练 狗狗乖
XINSHOU YANGGOU WEISHI XIZAO XUNLIAN GOUGOU GUAI

| | |
|---|---|
| 编　　著： | 蒋青海 |
| 出 版 人： | 李　梁 |
| 图书策划： | 周　禹 |
| 责任编辑： | 周　禹　张　超 |
| 封面设计： | 长春创意广告图文制作有限责任公司 |
| 制　　版： | 长春创意广告图文制作有限责任公司 |
| 开　　本： | 710 mm×1000 mm　16开 |
| 印　　张： | 15 |
| 印　　数： | 1-5 000册 |
| 字　　数： | 245千字 |
| 版　　次： | 2017年12月第1版 |
| 印　　次： | 2017年12月第1次印刷 |
| 出版发行： | 吉林科学技术出版社 |
| 社　　址： | 长春市人民大街4646号 |
| 邮　　编： | 130021 |
| 发行部电话/传真： | 0431-85635177　85651759 |
| | 85651628　85677817 |
| | 85600611　85670016 |
| 编辑部电话： | 0431-85630195 |
| 储运部电话： | 0431-84612872 |
| 网　　址： | http://www.jlstp.com |
| 实　　名： | 吉林科学技术出版社 |
| 印　　刷： | 长春新华印刷集团有限公司 |
| 书　　号： | ISBN 978-7-5578-3380-0 |
| 定　　价： | 35.00元 |

版权所有　翻印必究
如有印装质量问题　可寄出版社调换

# 前言

　　窗台上呆萌的多肉植物、水族箱里自由游弋的五彩鱼、花瓶中含苞待放的百合，以及一只期盼我们回家的宠物狗，这简直是现代人轻松慢生活的标配。

　　我们时常羡慕抱着一只暖心小泰迪、牵着一只毛色亮黄的大金毛，或者是牵着一只呆萌"二哈"的那些人，看到他们和狗狗在一起的温馨画面，很多人的内心都会有要养一只狗的冲动。可是可爱、温顺、健康、懂话又卫生的狗，往往是别人家的。

　　不过不要灰心，作为一名"铲屎官"，做好了喂食、防病、洗澡、训练，你还是可以拥有一只像别人家那样的狗狗。为了让更多的朋友实现养狗的愿望，我们特意邀请了资深科普达人，曾经著作过《玩赏犬驯养要领300答》《时尚小宠物养赏大全》等宠物畅销书的蒋青海老师编写了这本书，从狗狗的外形特征、生活习性、繁衍历史入手，给每一个养狗新手带来挑选、饲养狗狗的方法。

　　最后，希望每一个爱狗的人，都能养一只可爱的狗狗。也希望每一个养狗的人都能始终爱自己的狗狗，让它幸福地度过它的"一生"。

# 目录 contents

## 第一章 了解狗

人类与野狼的接触……………………………… 14
驯养的结果………………………………………… 15
犬种差异…………………………………………… 16
分类依据…………………………………………… 17
犬的身体机能……………………………………… 18
犬的身体构造……………………………………… 21

# 第二章 让狗狗"乖"的方法

- 调教和训练狗狗要遵循的原则……24
- 训练狗狗定时定点大小便……26
- 训练狗狗不往人身上奔扑……27
- 训练狗狗的注意事项……27
- 训练狗狗与主人随行……28
- 训练狗狗执行"过来"的命令……29
- 训练狗狗执行"站立"的命令……30
- 训练狗狗执行"坐下"的命令……30
- 训练狗狗执行"卧下"的命令……31
- 训练狗狗执行"前进"的命令……32
- 训练狗狗吠叫和安静……32
- 训练狗狗跳跃……33
- 训练狗狗安静地休息……34
- 训练狗狗执行"衔取"命令……34
- 训练狗狗听话……36
- 对狗狗进行游散的训练……37

适当运用食物刺激……………………………38
训练狗狗的基本要领…………………………39
调教和训练狗狗的基本方法…………………40
适当掌握机械刺激……………………………42
对狗狗进行"禁止"训练……………………43
施行强迫手段的注意事项……………………44
施行"禁止"口令的注意事项………………45

# 第三章 常见狗狗品种选购与驯养

吉娃娃犬………………………………………48
迷你雪纳瑞犬…………………………………52
泰迪犬…………………………………………56
博美犬…………………………………………60
卷毛比熊犬……………………………………64
北京犬…………………………………………68
蝴蝶犬…………………………………………72
腊肠犬…………………………………………76
西施犬…………………………………………80
中国冠毛犬……………………………………84
日本狮子犬……………………………………88

马尔济斯犬 …… 92
约克夏犬 …… 96
查理王犬 …… 100
布鲁塞尔格里丰犬 …… 104
西里汉㹴 …… 108
斯开岛㹴 …… 112
丹迪丁蒙㹴 …… 116
波士顿犬 …… 120
曼彻斯特㹴 …… 124
哈巴犬 …… 128
威尔斯柯基犬 …… 132
秋田犬 …… 136
松狮犬 …… 140
中国沙皮犬 …… 144
法国斗牛犬 …… 148
比格犬 …… 152
日本狐狸犬 …… 156
惠比特犬 …… 160
凯利兰犬 …… 164
美国可卡犬 …… 168
贝生吉犬 …… 172
金色猎犬 …… 176
萨摩犬 …… 180
德国狼犬 …… 184
大麦町犬 …… 188

古牧犬……………………………… 192
苏格兰牧羊犬……………………… 196
英格兰雪达犬……………………… 200
阿富汗猎犬………………………… 204

## 第四章 狗狗常见疾病防治

狗狗容易患哪些寄生虫病？………………………… 210
 绦虫病有什么症状？如何诊断和防治？………… 210
 钩虫病有什么症状？如何诊断和防治？………… 211
 鞭虫病有什么症状？如何诊断和防治？………… 212
 蛔虫病有什么症状？如何诊断和防治？………… 212
 肝吸虫病有什么症状？如何诊断和防治？……… 213
 旋毛虫病有什么症状？如何诊断和防治？……… 214
 犬疥螨病有什么症状？如何诊断和防治？……… 215
 眼虫病有什么症状？如何诊断和防治？………… 216
 黑热病有什么症状？如何诊断和防治？………… 217
 恶心丝虫病有什么症状？如何诊断和防治？…… 217

球虫病有什么症状？如何诊断和防治？ ………… 218
　　肺吸虫病有什么症状？如何诊断和防治？ ……… 219
　　弓形虫病有什么症状？如何诊断和防治？ ……… 220
　　感染上跳蚤有什么症状？如何诊断和防治？ …… 221
　　巴贝斯虫病有什么症状？如何诊断和防治？ …… 222

常见传染病的防治 ………………………………… 223
　　狂犬病有什么症状？如何防治？ ……………… 223
　　传染性肝炎有什么症状？如何防治？ ………… 224
　　破伤风有什么症状？如何防治？ ……………… 226
　　结核病有什么症状？如何防治？ ……………… 227

普通病的防治 ……………………………………… 228
　　胃炎有什么症状？如何防治？ ………………… 228
　　胃扩张有什么症状？如何防治？ ……………… 229
　　肠炎有什么症状？如何防治？ ………………… 230
　　急性肝炎有什么症状？如何防治？ …………… 232
　　感冒有什么症状？如何防治？ ………………… 233
　　便秘有什么症状？如何防治？ ………………… 234

索引 ………………………………………………… 236

# 第一章

了解狗

# 人类与野狼的接触

从南亚到北极苔原地带都属于野狼分布的范围。在人类尚未开始饲养野狼之时，人与野狼可能早已和平共处了很久。不过是不是人类主动想要驯化野狼的还并不确定。事实上，有些人认为是野狼自己愿意亲近人类，因此选择在靠近人类的地方定居。它们显然相当聪明，知道只要有人类的地方，必然会找到食物。甚至在人类开始完全对它们负起饲养责任之前，一种似有似无的伙伴关系早已存在，因为人与野狼居住和狩猎的活动范围颇为接近。毫无疑问，相似的行为模式也拉近了人狼之间的关系。人与狼都是社会性相当高的动物，两者都有阶级结构分明的族群或家庭，可以共同狩猎并分担养育下一代的责任。

没有人确切知道人与狼第一次互动发生在什么时候。有科学家认为可能是在5万年之前，因为至少要花这么久的时间野狼才能发展出与如今狗的基因差异。有些学者则认为是在1.5万年之前，当时人与野狼分布在地球表面的许多地方，不过第一只家犬出现的时间至今仍不确定，事实上，这个过程可能发生在好几个地区。

证据显示，中东及西南亚是饲养宠物犬的主要地区，在这两个地区的许多地方都曾发现至少1.4万年前的野狼骨头化石，这些野狼都是进化后的产物，极可能是印度平原狼的后代，这种野狼绝种已久，一般认为是许多现代宠物犬最早的祖先。

人类为什么要饲养野狼呢？原因很简单也很自然，就是人类希望有个伴儿。旧石器时代的人类可能猎杀了野狼，然后从洞穴中带回小狼加以饲养。这些半驯养的狼和人类一起生活，繁衍下一代，生出来的后代一代比一代更容易被驯服。经过相当长的一段时间后，驯化的狼越来越习惯并喜欢和人类共同生活。尤其是嗥叫的狼，它们交配而产下的后代可以在夜晚有人入侵时发出嗥叫声，于是警卫犬就这么产生了。

野狼通常以嗥叫作为沟通方式，它们也会吠叫，不过比家犬吠叫的次数少且音量低，而且通常只朝近距离的敌人吠叫。比较爱吠叫的狼可能自成一群而相互交配，产下的后代成为早期人类营帐区的第一批警卫犬。

从某一时间，半驯养的野狼开始陪伴人类从事狩猎活动，不久，人类想到采取主动选择育种的方式，来确立这种互利的关系。不久之后，捕猎技术高强的品种必然会相互交配，产生的后代追踪技术非常厉害，从野狼转变为犬的过程就是这样一步一步进行的。

远古时期的狼群同现代灰狼一样，曾经让想要饲养它们的人类感到恐惧。没有一只家犬的品种可追溯到远古时代野狼的某个特定品种，但是来自美洲、欧洲、中亚、远东地区的野狼在体型与毛皮方面的变种相当多，创造出来的基因库足以发展出今日种类繁多的狗。

一只灰狼外表看起来和西伯利亚哈士奇和阿拉斯加爱斯基摩犬相似，但是在400个以上的品种中，每种家犬身上都或多或少存有狼的本性。尽管野狼颇为怕生，但它们天生社会性很强。

# 驯养的结果

野狼在进化成犬之后体型变小了，这是驯养过程的典型现象。许多考古学家相信这是慢性异化的结果。另外，有些科学家指出人类在育种过程中扮演着积极的角色。有些特征是人类喜爱且可以引导的结果，例如体型小、性格活泼的品种；而有些则是为了永远留下受人喜爱的特征而无心造成的结果。化石证据显示，狗发展成今日各式各样的品种，其间花了几千年时间。

狼的种类差异之大也证明了选择育种的结果。举例来说，加拿大的灰狼重量可达70千克，但是已经绝种的日本狼却身轻如燕，不到12千克。同样类似的特征，例如毛的长度、颜色，耳朵大小甚至行为，都可以经由特征类似的品种相互交配而产生。

# 犬种差异

犬和人类共同生存后，由于人类不断对其进行驯化、改良，其性格和身体的变化较为巨大，逐渐出现了今天的许多犬种。这些犬种身体构造共具哺乳类的特征，但其外表、形状等各具特色。

首先以腹部形状来区分，可分为船底形、扁平形、木桶形。扁平形的犬多数具有苗条的身体，修长的四肢且脚力好，主要代表品种为苏俄牧羊犬与东非猎犬等。另外，斗牛犬、巴哥犬则属典型木桶形。而在三大类中，数量最多的为船底形。

其次可从背部形状来区分。犬的背部形状主要指犬的基甲部到尾部这一段，可分为水平形、弯曲形和弓形三大类，90%以上的犬种为水平直线形，前进时能顺利迎风而行，斗牛犬的背部则为弯曲形。弓形犬的基甲到尾部呈弓形，格雷伊猎犬、苏俄牧羊犬等四肢敏捷的犬属于此类。

犬的口吻也具有不同形状。吻长而尖表示嗅觉灵敏；不长不短属中间形；斗牛、巴哥、北京犬则属扁鼻形。总体而言扁鼻形的嗅觉感应较迟钝。至于犬身上的被毛，其毛质、毛色、毛量都有较大的差别。基本上将被毛分为上毛及下毛。犬身上的毛有防止水分渗透及保暖的作用，早春时容易掉毛，这是下毛脱落所致。但马尔济斯犬则无上毛、下毛之分。

# 分类依据

AKC是American Kennel Club的缩写，可以直译为"美国养犬俱乐部"。此组织成立于1884年，现在已经成为美国最大的犬业机构。除此之外，还有一些纯种犬是未被AKC承认的犬种，例如著名的藏獒。因为这些犬种的发展并不够成熟，所以它们还不能参加正规的比赛，准确地说，是可以比赛，但是没有资格争夺冠军。这些纯种犬有资格参加敏捷性比赛、服从性比赛。当一个犬种发展到一定程度时，就有可能被登记承认，AKC也在不断地登记承认新的犬种。现在，每个犬种都在为人类做出不同的贡献，满足人类不同的需求。而犬展的意义就在于不断地改良、培养更优秀的纯种犬，让人类永远跟自己最好的朋友和谐地生活在这个世界上。

也许细心的人会发现，在正规的犬展中，比赛是分组进行的，如工作犬组、玩具犬组等。在AKC标准中，犬类分组是按照用途进行的。因为每一种犬都在为人类服务，为人类做出贡献，所以，传统犬展上人们会把不同用途的狗分成不同的组别来比赛。这就是我们在犬展中看到各种组别的原因。AKC犬展中的组别：

枪猎犬组 Sporting Group　　工作犬组 Working Group　　畜牧犬组 Herding Group

狩猎犬组 Hound Group　　㹴犬组 Terrier Group

家庭犬组 Non-Sporting Group　　玩具犬组 Toy Group

# 犬的身体机能

### 皮肤
皮肤实际是动物身体上最大的器官。皮肤的主要作用是保护身体免受传染和物理伤害，防止热量和水分散失。

### 听觉
犬的听觉非常灵敏，可听到超出人耳听觉范围的声音，而且部分品种的听觉要比其他品种更灵敏。犬耳形状和朝向各不相同，取决于品种和用途。犬的耳朵可四周转动，这让它们能够辨别出微弱声音的方向。耳朵与大脑协作，有利于保持平衡。

### 视觉
犬的视觉功能已经进化得非常适应捕猎，尤其是动作迅捷的小型犬。其眼睛的结构，使它们成为自然界中出色的猎手，很多犬科专家相信犬具有全色视觉，行为试验显示犬对红色最为敏感，同时也能区分绿色和黄色。

### 嗅觉
气味对于犬来说非常重要，它们的嗅觉十分发达，比人类的嗅觉灵敏得多。气味对于犬有多种用途，标记领地、识别其他动物以及与其他犬交流。犬鼻子上的神经末梢能探测到气味，并由大脑进行解读。

### 味觉
与人类相比，犬的味觉不那么发达。舌头上覆盖有味蕾，让犬能够辨别酸、苦、咸和甜这几种味道。

### 呼吸系统
呼吸系统将空气从鼻子送入肺的小孔里面。呼吸系统负责加热和过滤空气，然后送入肺部，身体在这里吸收氧气，同时交换出二氧化碳，然后呼出去。

### 心血管系统
心血管系统由心脏、静脉和动脉以及更小的血管组成。心血管系统负责运输体内血液，将血液、养分、血细胞和废物运输到其需要的地方。血液对于保持身体热量也非常重要。

### 泌尿系统
泌尿系统的主要功能是控制体内的水平衡，排出毒素。肾脏过滤血液，排出多余的水和毒素，然后传输至膀胱并储存起来，直到排尿。尿液中的化学物质也是犬与犬之间进行气味交流的一种方式。

### 消化系统

消化系统负责将食物摄入身体，分解并消化所有养分，然后将不能消化的食物和其他废物排出体外。消化从犬口开始，犬吃进食物，然后开始咀嚼。犬的牙齿特别适合捕猎动物，牙齿进化得又大又尖，可咬住猎物。作为杂食性动物，它们用更为扁平的后齿来咀嚼食物。

### 繁殖系统

雄犬有两颗睾丸。未阉割的雄犬在8~10周大时，睾丸就会往下长入阴囊中。而对于成犬，则位于两条后腿之间。同时，雌犬到6个月左右就进入成熟期，每隔6~12个月就会"发情"。这通常是由外部因素引发的，如季节。

### 神经系统

神经系统负责通过神经和脊髓将信息从身体传输给大脑。大脑负责控制身体的各种程序，从呼吸到温度控制。

### 内分泌系统

内分泌系统由几个能够分泌激素的腺器官构成。这些腺器官包括甲状腺、胰腺、卵巢和睾丸。

# 犬的身体构造

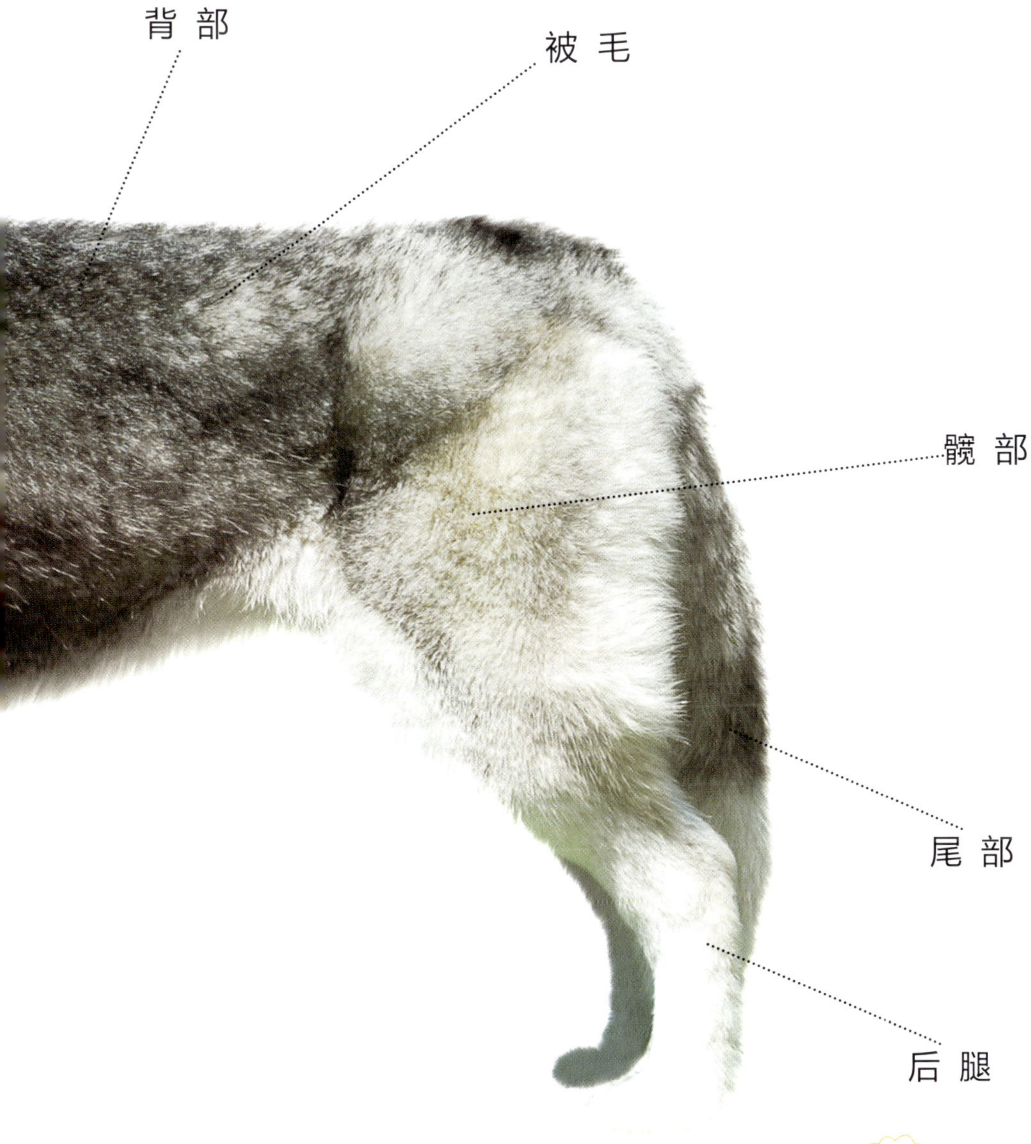

背部

被毛

髋部

尾部

后腿

# 第二章

## 让狗狗"乖"的方法

# 调教和训练狗狗要遵循的原则

在调教和训练狗狗时,必须认真掌握以下两条基本原则:

## 循序渐进,由简入繁

对狗狗的训练,开始时必须从最简单、最容易做到的项目入手,不能以自己的主观愿望,要求狗狗在短时间内学会复杂或很难的项目。一般来说,狗狗的能力培养可分为3个阶段。

(1)第1阶段

是培养狗狗对口令建立基本的条件反射阶段。这一阶段只要求狗狗根据口令做出动作,比如听到"来"的口令后能走近主人。

这个阶段的训练应选择清净的环境,防止外界的引诱、刺激,对训练产生干扰。狗狗的动作正确时,应及时奖励,对不正确的动作要及时、耐心地加以纠正。

(2)第2阶段

是条件反射复杂化阶段。这个阶段要求狗狗能将各个独立形成的条件反射有机地结合起来,形成一种完整的能力,并要求对主人的口令能达到迅速而顺利地执行。同时,在对口令形成条件反射的基础上,建立对手势的条件反射。

在这一阶段中,训练环境仍应比较清静,但可在不影响训练的前提下,经常变换环境从而提高狗狗的适应能力。要对不正确的动作和延误口令,做及时的纠正,即用强制手段适当加强机械刺激强度;对正确的动作,一定要给予奖励。

(3)第3阶段

是环境复杂化阶段。这一阶段要求狗狗在有外界引诱的情况下,仍能顺利执行口令。在训练时,动作难易要结合,并以易多难少的原则,逐步培养狗狗适应复杂环境的能力。

通过以上3个阶段的训练,狗狗的各种能力已经基本形成,但还不可能完全适应实际需要，还需要根据所在地区的气候条件、地理环境等实际情况，有计划地进行适应性锻炼。

### 因犬制定，分别对待

在调教、训练过程中，一定要根据不同神经类型的狗狗，做出不同的要求。

（1）兴奋型狗狗

对兴奋型狗狗，主要是逐步改善和抑制，但千万不能操之过急，在每次训练前，要给予充分的游玩、散步等自由活动，以降低兴奋性。对这类狗狗，在训练时可采取较强的机械刺激。

（2）活泼型狗狗

对活泼型狗狗，在训练时要特别注意不同手段对狗狗的影响，如果训练方法不当，容易产生不良后果。

（3）安静型狗狗

对安静型狗狗，训练时应着重培养它的灵活性，适当提高它的兴奋性，在训练过程中需要很耐心地重复口令，或采取强迫手段。要避免迅速而连续地发出不同的口令或使用兴奋和抑制相冲突的刺激。对这类狗狗，切不可操之过急，应该用沉着、冷静、耐心的态度，来对待训练工作。

（4）对食物反应强的狗狗

对食物反应较强的狗狗，应多用食物刺激。

（5）凶猛好斗的狗狗

对凶猛好斗的狗狗，在训练中要严格要求，特别要加强依恋性和服从性的训练。

（6）有被动防御反应的狗狗

对有被动防御反应的狗狗，要善于用温和的音调以及轻巧的动作接近狗狗。在训练过程中，对狗狗害怕的事物要采取耐心诱导法，使其逐渐消除被动状态而渐渐适应。

（7）追求反应较强的狗狗

对追求反应较强的狗狗，平常应多对它进行环境锻炼。

# 训练狗狗定时定点大小便

这项工作最好从幼犬时期开始,幼犬大小便频繁,在3个月龄以前,一般都不懂得控制大小便,腹内有了尿液就会随地便溺,所以在这之前就应抓紧这项训练。

训练时,先要在合适的地方放上便盆、碎石片、木屑、煤灰渣之类,在喂食或早晨起床后、晚上睡觉前带领狗狗到放好便盆的地方去,让狗狗排便,如果狗狗能在便盆内大小便,应给狗狗以爱抚,抚拍几下或给点食物奖励。有时,狗狗并不能在这个时间内大小便,这是允许的,等待一段时间后再把它牵到便盆边去让它大小便。如果这样几次之后,狗狗仍不能在便盆中排便,仍随地乱排便,则应予以严厉的斥责,必要时可用旧报纸卷成的圆筒轻轻打它几下,并说"错了!""不许这样!"让它知道主人很不喜欢这样,然后,再带它到指定的地方去,并要在排污的地方撒上漂白粉或浇上香醋,盖去大小便的气味。

经过耐心的调教和训练后,狗狗就能逐渐养成在固定地点大小便的习惯。

训练中要注意,便盆要始终放在原地,不可挪动地方,还应留一些上次便后的灰渣,以便狗狗能从气味中嗅出这是上次大小便的地方。

狗狗外出时,有在路边撒尿做标记的特性,这不能以随便大小便看待。但在城市街道上,狗狗的这种习惯也有碍卫生,因此,主人领狗狗外出时,一定要戴项圈,用皮带牵拉着控制狗狗的各种行为,不让它到处乱排便。

如果住的楼房家中有厕所,把狗狗的便盆设在厕所内,训练它养成自己上厕所大小便的习惯,这样是最理想的状态了。

# 训练狗狗不往人身上奔扑

狗狗是一种容易产生亲密感的动物，它与主人相处一段时间后，由于主人经常喂饲食物和照顾生活，便会对主人产生亲密感和依偎的习性，见了主人就会扑过去。

狗狗的这种奔扑行为虽然出于善意，但可能会给人们带来不便，所以要对狗狗的这种行为加以纠正，不能任其存在和发展。

纠正这种行为的方法是：当狗狗做出奔扑动作时，应立即发出"不行"的口令，同时用手轻拍狗狗的鼻子。这样经过反复多次之后，狗狗就知道这是主人不喜欢的动作，以后就不会再乱奔扑了。

# 训练狗狗的注意事项

调教和训练狗狗，主要是为了使狗狗养成良好的生活习惯和工作能力。所以，要想训练出听话的狗狗，必须注意以下几个事项：

鼓励为主，不随便惩罚。在训练过程中，只要狗狗是按照主人所提出的要求去努力，就应当用亲切的语调给予表扬，或喂些狗狗爱吃的食物作为鼓励，即使不能按照主人的要求去做，也不要责骂和呵责，更不能鞭打，否则会收到相反的效果。

对狗狗进行调教和训练时，必须按照科学规律办事，不能急躁，不能稍不顺心，就把狗狗冷落在一旁，更不能拿狗狗玩耍、取乐或戏弄、恐吓，否则，不但不能训练出听话的狗狗，甚至会培养出伤害人的叛逆狗狗。训练幼犬时，要反复、耐心地对它指明不能做的事，这样，时间长了，狗狗会形成服从主人指令的良好习惯，但当发现它做了不该做的错事时，不能放任不管，而应给予必要的处罚。9~10个月龄时，便可训练它从较远些的地方衔回物品交给主人，探查预先给它闻过的藏在附近的物品。1岁以后，可以加一些难度稍大的训练项目，但不能一下加得太大，否则会使它觉得做不到而失去信心。近1岁半时，就应分段训练它的凶猛性和战斗性了，这个年龄段的训练是最重要的，错过这个阶段，再进行调教训练，就很困难了。

# 训练狗狗与主人随行

训练狗狗与主人随行，就是要使狗狗听从主人的指挥，在主人的右侧，靠近主人并排向前行走，且在行进中不超前、不落后，以均衡协调的速度和姿势前进的能力。

训练时，要选择一个清静的环境和行人稀少的平坦路段进行。

开始时，主人发出"靠"的口令，并附"快"和"慢"的口令。同时，配合以右手自然下垂，轻拍自己大腿2～3下的手势，使狗狗对口令和手势形成基本的条件反射。

待狗狗来到主人的右侧后，拉住牵引带，随后呼唤狗狗的名字，以唤起狗狗的注意，并发出"靠"的口令；同时把牵引带向前拉，用稍快的步伐前进或转圈使狗狗随行，每次行走不少于150米。

训练初期，狗狗可能不习惯，会出现超前、落后或想走开的现象，此时应及时发出"靠"的口令，并拉牵引带，使狗狗走在正确的位置上。当狗狗走到正确的位置后，要及时给予"好"的口令，并给予抚拍两下或食物奖励。

这样经过多次反复训练后，可以考查一下狗狗对"靠"这个口令是否已形成了条件反射。做法是：放松牵引带，让狗狗自由行走。如果狗狗出现超前或落后的情况，即发出"靠"的口令；如狗狗能马上走到正确的位置，就说明狗狗已形成了条件反射。

在这个基础上，还要狗狗对手势也形成条件反射。做法是：在放松或不用牵引带的情况下，发出"靠"的口令，同时做出"靠"的手势，直到狗狗对手势也形成条件反射为止。

当狗狗根据口令和手势而不用牵引带控制能正确随行时，即可转入复杂情况下的随行训练，如变换速度和方向及在陌生复杂的环境里，使狗狗注意力集中，达到在任何情况下都能正确随行的要求。

# 训练狗狗执行"过来"的命令

训练狗狗执行"过来"这个口令，是为了培养狗狗随时随地都能按照主人的要求，依照口令和手势，立即来到主人身边，顺从地坐下来的能力。

也就是要把狗狗训练得"招之即来"，并且靠近身边坐下。

口令："过来"！

手势：右手向前平伸，手心向下，手掌快速上下摆动。

这个项目的训练，可以和"随行""坐下"等结合进行。

训练时：主人牵着训练绳，先叫狗狗的名字，引起狗狗的注意，然后发出"过来"的口令，右手做上述"过来"的手势，同时边拉训练绳边后退。当狗狗来到主人身边时，及时给予一些奖励。这样经过反复多次的训练，狗狗就能按照主人的口令"过来"。

当狗狗根据口令和手势来到主人的身边时，随即训练狗狗在自己右侧坐下的动作。

刚开始训练时，有的狗狗听到口令和看到手势后可能没有反应，这时可以采取一些能引起狗狗兴奋的动作，如拍手、向相反的方向急跑等，以刺激狗狗"过来"。当狗狗过来时，即应给予奖励。

注意：不可用突然的动作去抓狗狗、追狗狗或乱用惩罚等手段。

# 训练狗狗执行"站立"的命令

训练狗狗执行"站立"的口令,是为了培养狗狗根据主人的要求站立起来的能力。

口令:"立"!

手势:将右臂平伸,并以手掌向上连续摆动。

训练开始前,主人应将狗狗带到清静、平坦的地方令它坐下。

主人右手抓住狗狗的脖圈,左手伸向狗的后腹部。在发出"立"的口令的同时,左手向上托,使狗狗立起。在狗狗立起后,要及时给予奖励。如此反复训练多次,直到狗狗听了"立"的口令时立刻站立为止。

当狗狗在主人眼前听到"立"的口令能够站立后,训练狗狗在距离主人较远的地方,在听到主人发出"立"的口令时,能马上站立起来。

# 训练狗狗执行"坐下"的命令

训练狗狗"坐下"这个项目,是为了能使狗狗在盲动的状态下,接受"坐下"的口令后,能够迅速而准确地做出"坐"的动作,并能安静下来,保持这一姿势较长时间,既防止狗狗做出不良行为,又可使狗狗安静下来做适度休息,准备接受接下来可能出现的重要命令。

口令:"坐"!

手势:若训练狗做正面坐时,右臂侧伸,小臂向上,掌心向前,呈L形;若训练狗狗做左侧坐时,左手轻拍狗狗的左侧腿部。

训练开始时,先让狗狗靠左侧站立,然后发出"坐"的口令,同时用左手按压狗狗的腰角,或轻轻地把它的后腿屈曲按下。当狗狗被迫做出坐下的动作后,立即给予奖励。这样经过多次训练,狗狗就能养成坐下的习惯。

训练狗狗正面坐下的方法：主人将狗狗引导到自己对面，右手做正面坐的手势，并发出"坐"的口令，按上述方法迫使狗狗坐下。当狗狗坐下后，应立即给予奖励。经反复训练，狗狗对口令和手势即可形成条件反射，然后再训练狗狗坐下后的延续能力。

令狗狗坐下后，持牵引绳一端慢慢离开狗狗1~2步远，并牵拉训练绳，迫使狗狗回到原位坐下。狗狗如能在3~5秒钟内坐着不站起来，就应立即给予奖励，以后逐渐训练它延长坐的时间。

当狗狗能在较短距离内坐5分钟以上不动时，即可开始训练在10米、20米，甚至30米以外处坐下不动的能力。

# 训练狗狗执行"卧下"的命令

训练狗狗执行"卧下"的口令，可以使狗狗过度兴奋的情况得到适当抑制，并可在狗狗可能比较兴奋、可能做出不良行为时，及时加以制止。

口令："卧"！

手势：要狗狗做正面卧时，右手上举，接着向前平伸，手掌向下。要狗狗做侧卧时，右手从狗狗面前向下指。

训练开始时，先令狗狗坐在左侧，主人将右腿向前迈出一步，身体向前下方弯下，右手持食物引诱狗狗。当狗狗想获取食物时，就趁机把食物从狗嘴的下方慢慢向前下方移动，同时发出"卧"的口令，并向前下方牵拉训练绳。

当狗狗卧下后，应及时给予食物奖励，随着条件反射的形成，逐步将食物奖励和机械刺激取消，而以口令和手势令狗狗卧下。

还有一种训练方法是令狗狗在左侧坐下后，立即给予奖励。在狗狗具有卧下能力时，进一步训练狗狗远离主人一段距离卧下的能力，直至达到狗狗在没有命令的情况下就不得起立的程度。

# 训练狗狗执行"前进"的命令

训练狗狗执行"前进"的口令,就是要培养狗狗根据主人的命令向一定方向前进的能力。

口令:"去"!

手势:主人取左腿跪下姿势,右臂平伸向前,手指指向前进方向。

先让狗狗在清静的地方坐下,接着由主人向前走出20米左右,做假放物品的动作后返回狗狗的右侧,以手势和口令命令狗狗前进。当狗狗达到假放物品的地点时,令狗狗坐下,然后迅速来到狗狗跟前给予奖励。

如此经过反复训练后,只需用口令和手势,狗狗就能执行指令前进。

# 训练狗狗吠叫和安静

有些狗狗在不该吠叫时整天乱叫,有些狗狗在该吠叫的时候却闭嘴不叫。这两种狗狗都属不正常状态,应该用调教训练的方法把它们的不良习惯改正过来。

### 训练狗狗吠叫

训练开始时,先令狗狗坐下,把牵引带的一端拴在树上或其他物体上,然后对狗狗发出"叫"的口令,同时使用手势(右手半伸,掌心向下,对着狗狗做抓握动作,连续做几次)。同时左手拿着带有刺激香味的食物,在狗狗面前不断晃动引诱。

一方面狗狗经香味食物的刺激有了食欲,另一方面又吃不到食物,就会大声吠

叫起来。初期应在狗狗吠叫后给予食物奖励,以后训练时所给的食物逐渐减少,最后则完全取消奖励,以养成只听见口令和看到主人的手势就可以吠叫起来的习惯。

### 训练狗狗保持安静

训练开始时,可安排一个陌生人左顾右盼,逐渐向狗狗接近。当狗狗要叫的时候,主人在此时立即发出"静"的口令,同时兼做手势(将右手置于犬口前,伸出食指,与犬鼻靠近),并轻击犬口,禁止狗狗叫出声来,以保持安静。

如此反复多做几次,即可引起狗狗的条件反射,以后当狗狗欲叫时,听见主人"静"的口令和手势,即可安静下来。

# 训练狗狗跳跃

对狗狗进行跳跃的训练,是将狗狗训练成能够在主人的指挥下跳越障碍物的能力。

开始训练时,宜从30厘米左右的障碍物着手。训练时,主人把狗狗牵到离障碍物1~1.5米处令狗狗坐下,然后手持牵引绳的一端,走向障碍物侧面对狗狗发出"跳"的口令,同时向障碍物上方拉牵引绳。当狗狗跳过去后,及时给予奖励。这样训练,每回可连续几次。

另一种训练方法是:主人牵着狗狗从距离障碍物3~4米远处跑到障碍物前,立即发出"跳"的口令,同时将牵引绳向障碍物的前上方牵拉,使狗狗能跳过障碍物。在狗狗已跳跃过去之后,立即给予奖励。如此连续训练几次,即可形成条件反射。

接着训练狗狗根据口令和手势即能跳过障碍物的能力。训练时,先让狗狗在距离障碍物4~5米远处坐下。主人走到障碍物前,令狗狗走近主人身边,当狗狗站起来开始走时,立即发出"跑"的口令和手势,狗狗如果未跳过可重新再来,或下次再做训练,若已跳过,应及时给予奖励,并在以后的训练中逐渐增加障碍物的高度,使狗狗的跳跃能力逐步提高。

# 训练狗狗安静地休息

家庭喂养的狗狗,在主人休息时,往往会吠叫或发出呜咽的声音,不仅影响主人的休息,还影响周围环境的安静。所以主人有必要对狗狗进行训练,使狗狗能与人同时安静地休息,这就需要对不安静的狗狗进行安静训练。

训练方法是:找一个纸箱子,里面垫上旧棉衣或旧毯子,作为犬舍,用一个嘀嗒嘀嗒走动的半导体钟,放在犬舍的旧毯子下面。当主人准备休息时,令狗狗进犬舍去休息。

由于半导体钟不停地响着,狗狗不会感到寂寞,它就不会乱吠叫或呜咽,也不会乱跑。这样经过多次训练之后,狗狗便能在主人熄灯休息的时候也回犬舍去休息而不乱叫了。

等狗狗已习惯了,再把半导体钟拿走,它仍会保持安静地回犬舍去休息的习惯,使条件反射作用巩固下来。

# 训练狗狗执行"衔取"命令

衔取训练,是玩赏犬经常训练的项目,也是其他犬种如军犬、警犬、工作犬、猎犬必须训练的科目。其目的主要是通过这种训练,使狗狗具有按口令将物品衔回的能力。

衔取训练是一种比较复杂的动作,其中包括"衔""吐""来""鉴别"等多项内容。所以,

训练时一般都要分步进行，逐渐形成，不能要求迅速完成。

训练的第一步是训练狗狗养成"衔""吐"口令的条件反射，一般用诱导和强迫的方法。

用诱导的方法训练，应选择清静的环境和容易引起狗狗兴奋的物品。训练开始时，主人用右手持着该物品，迅速地在狗狗的面前晃动几下，以引起狗狗的注意，接着将物品

抛出2～3米远，并立即发出"衔"的口令，当狗狗走近物品将要衔的时候，主人再发出一次"衔"的口令，如狗狗已将物品衔起，应再用"好"的口令并给予抚摸奖励，待狗狗衔在口中约有半分钟后，发出"吐"的口令，然后将物品接下，并给予食物奖励。

如此反复进行多次，即可形成条件反射。

但有些狗狗须用强迫的方法进行训练。开始时，令狗狗坐在主人左侧，稍停，即发出"衔"的口令，同时右手持物，左手扒开犬嘴，将物品放入狗狗口中，再用右手托住狗狗的下颌。训练的初期，在狗狗衔住物品几秒钟后即可发出"吐"的口令，将物品取出，并给予奖励。反复训练多次后，即可按口令进行"衔""吐"训练。

在这基础上，再进行衔取抛出物和送出物品的能力。训练衔取抛出物时，应结合手势（右手指向所要衔取的物品）进行。当狗狗衔住物品后，可发出"来"的口令，当它吐出物品后要给予奖励。如狗狗衔着不过来，则应利用训练绳来掌握，使它走过来。

# 训练狗狗听话

狗狗是不能听懂人说话的,如果有人想跟没有经过训练的狗狗说话,并希望狗狗能听懂自己说话的意思,那是痴心妄想。但是狗狗对人说话的语气、表情和手势却是很敏感的。因此,要训练狗狗听懂人说的话,就应该用坚定的语气、简单的口令以及配手势动作。

有些狗主人,对狗狗过分溺爱,当发现狗狗对来客或路人追着吠叫时,不去大声呵止,反而用手轻抚犬头,柔声说:"不要这样。"这时不懂人说话意思的狗狗,会从主人的抚摸和柔声语气中,理解为对它的表扬和鼓励,这对训练狗狗听话会起着相反的作用,以后纠正起来会很困难。

有的狗狗见有客人来访,就兴奋起来,对着客人大声吠叫,或围绕客人脚前脚后不断嗅闻,弄得客人很紧张。这是训练狗狗听话的机会,主人应立即走近狗狗旁边,用严厉的声调发出"别动"的口令,同时伸出右手左右摆动,做出"制止"和"行为不好"的表示。如果这时狗狗欲走开,则应向前将它按住,再发出别动的口令,并用手指向犬舍的方向,发出"回去"的口令,然后将狗狗拉到犬舍,令其别动。

此时如果狗狗欲逃走,则要将它按住,同时坚定地说:"不准。"如果狗狗能按口令要求回到犬舍里去,就要及时给予爱抚和奖励。这样经过多次反复之后,狗狗就会懂得对客人大叫和围着客人脚边嗅闻是不对的,就会逐渐改正过来。

# 对狗狗进行游散的训练

游散就是让狗狗做自由活动。在对狗狗的训练中，当狗狗做对了某个动作后，主人往往会让狗狗自由活动一会儿，以资奖励。

游散可以缓和狗狗在训练或使用过程中神经活动的紧张状态。

这项训练一般与"随行""过来""坐下"3个科目同时进行。

训练时，主人牵着狗狗一起奔跑，待狗狗兴奋后，将牵引绳放长，用温和的声调发出"游散"口令，用手势指挥狗进行游散。

当狗狗跑到主人跟前时，主人应放缓行进速度，慢慢地停下来，让狗狗自由活动。经过几分钟后，主人应令狗狗到身边来，狗狗到身边后，主人则抚拍或给予食物奖励。

按照这样的做法，在同一次训练中可练2~3次，连续进行。

训练时，主人的态度、表情应较轻松、愉快。这个科目经多次训练后，狗狗即能随主人的口令和手势自由游散。

这项训练，一般都在其他科目训练结束后进行。在早上狗狗刚出舍时进行训练效果会更好。

当狗狗已形成对"游散"的条件反射后，可减少对狗狗的训练，任其充分地自由活动。

为使主人容易掌握狗狗的活动，主人与狗狗的距离以不超过20米为宜，这样可以防止发生扑咬人畜或随地捡食等不良行为，若发现有上述不良行为，应在以牵引绳扯拉的同时，用"非"的口令严加制止。

# 适当运用食物刺激

食物刺激是主人对狗狗训练中常用的、奖励狗狗做好某种项目的方法,既可作为非条件刺激,也可作为条件刺激。

当食物用来强化条件刺激和奖励狗狗的正确动作,直接作用于狗狗的口腔,引起咀嚼、吞咽等非条件反射,食物就是非条件刺激;当主人在一定距离以其气味和形状作用于狗狗,并在食物引导下,使狗狗做出坐、卧等动作时就属于条件刺激。

在使用食物刺激时,必须注意狗狗对食物的兴奋状况,只有当狗狗对食物表现足够的兴奋时(饥饿时),才能收到较好的效果。训练中为了增强食物的刺激作用,可以利用小块食物,在诱导狗狗做出动作之前稍加逗引,以提高狗狗对食物的兴奋性。

食物刺激法,在训练中既有优点,也有缺点。优点是:在食物刺激的诱导下,可以使狗狗迅速地形成许多条件反射。如坐、卧、过来、前进等,而且,利用食物刺激训练成的项目,狗狗在做动作时,表现得活泼、兴奋,并能增进狗狗对主人的亲昵感。缺点是:狗狗所做的动作不易准确,有些对食物反应不强的狗狗,主人的口令或食物诱导就不起作用。

如果在训练中能把机械刺激和食物刺激结合起来使用,可能会收到较好的效果。这种方法对大多数狗狗和很多训练项目都很适合。

# 训练狗狗的基本要领

在调教和训练狗狗时,如果要想获取较好的训练效果,使它能学会各个训练项目,正确地掌握、运用调教和训练要领,是十分重要的。训练的基本要领包括诱导、强迫、禁止和奖励。

### 诱导

利用食品、物品对狗狗进行诱导,使幼犬做会某个动作,是很重要的训练方法之一。诱导与适当的强迫相结合,可以取得较好的训练效果。

对幼犬的训练,可以以诱导的方法为主,但此方法比较适合沉着、安静、不太兴奋的狗狗,不宜对兴奋型和较灵活的狗狗使用。

### 强迫

强迫就是在训练中,以机械反应和威胁音调的口令为主,强迫狗狗做出相应动作的手段。

强迫训练开始时,下达威胁音调的口令,并与机械刺激和适当的奖励相结合,一般可收到较好的效果。强迫手段的刺激强度,应因狗而异,对灵敏性较强的狗狗,特别是胆子较小的,刺激应相对小一些。

### 禁止

禁止就是用威胁的音调发出停止动作和纠正不良行为的口令。使用这种方法时,一般宜与有力的机械刺激一起进行。

下达禁止的口令要及时,应在狗狗不良行为产生的初期发出。下达禁止令时态度要严肃,当禁止做得好时,要及时给予奖励。

### 奖励

奖励的目的是强化狗狗的正确动作,巩固狗狗已经取得的成绩。

奖励手段包括给食物、抚拍及用奖励音调给予表扬。这是用以强化的正确做法,调节狗狗神经活动状态的手段。

奖励要及时,要根据兴奋程度的不同,给予不同方式的奖励,应在主人先行发出奖励音调、抚拍后再给予其他奖励。

# 调教和训练狗狗的基本方法

调教和训练狗狗的基本方法,可大致归纳如下:

### 机械刺激法

机械刺激法包括生理刺激法和疼痛作用法。内容有压迫、拉动、手打、鞭打、抚摸等。机械刺激法除轻拍、抚摸表示奖励外,多属于强制手段,可强迫狗狗去完成各种科目。但这种方法只能用在意志力坚毅的狗狗身上。

这种方法的缺点是:主人对狗狗较强的刺激后,会造成狗狗对主人的害怕,尽管在棍棒之下驯服地完成训练项目,但却对训练内容失去了兴趣。所以这种方法不宜多用,一般用于对警卫犬抑制力的训练中。

### 食物奖励法

一般用于简单科目的训练,如蹲坐、靠近等动作。主人手上拿着食物命令狗狗过来,狗狗为了能得到美食才会听话地走过来,这种方法最容易在主人与狗狗之间建立联系,并迅速形成条件反射。

这种方法的缺点是:不能保证在工作中永不间断,有些狗狗获得奖励后,对工作不再感兴趣了,常常不能彻底完成任务,缺乏坚韧精神。

### 对比训练法

此训练方法的特点是,在训练中既运用了机械刺激法,又应用了食物奖励法。

机械刺激法,绝不是用粗暴的行为强迫狗狗接受这样或那样的姿势训练,而是在机械刺激法训练后,立即给狗狗以美食奖励。

对比训练法将机械训练法和食物奖励法有机地结合在一起。运用这种方法,主人能与狗狗建立起较牢固的关系。这种方法是训练中最基本、最通用的方法,被大多狗主人采纳。

### 模仿训练法

模仿训练法在实际训练中，一般用作辅助训练，在牧羊犬中较为常用，在伴侣犬和玩赏犬的训练中较少使用。

运用于猎犬训练时，应将小猎犬与大猎犬（受过训练）同时在狩猎中进行；如果应用于护卫犬的训练，就应在成年护卫犬的哨位附近进行。

### 口令法

应用口令法对狗狗进行训练，应与相应的手势（非条件反射）结合使用，才能使狗对口令形成条件反射。

狗狗具有非常敏锐的听觉，能正确分辨同一口令的不同音调。对狗狗的要求不同，所发布的口令音调和语气都应不同。在一般训练中，口令的音调分3个等级：

（1）普通音调（音量中等，带有严格要求的意味，用以命令狗狗做出动作）。

（2）威胁音调（声音严厉，用来迫使狗狗做出动作和制止狗狗的不良行为）。

（3）奖励音调（声音温和，用来奖励狗狗所做出的准确动作）。

注意：口令的发音要简单清晰，一经采用，则不应随便更改，否则会影响训练效果。

### 手势法

手势法是用手的某种姿势和形态来指挥狗狗的一种方法。使用这种方法，必须特别注意各个手势的独立性和易辨性，并保持手势的定型性和准确性；还要与日常习惯用的动作明显地区分开，才能使狗狗不致领会错误。

另外，平时要训练狗狗特别注意饲养者手部动作的习惯。

# 适当掌握机械刺激

机械刺激是利用强制手段迫使狗狗做出相应的动作,包括制止某些不良行为。强制手段,除了用抚拍作为奖励方式外,还有按压、拉扯牵引带、轻打等惩罚方式。

机械刺激能引起狗狗的压觉和痛觉,不同强度的机械刺激能引起狗狗的不同反应,在训练中既要防止对狗狗使用超强刺激,使它产生超限抑制和出现害怕训练或逃避训练的现象;又要避免缩手缩脚,不敢使用刺激或刺激过轻,妨碍条件反射的形成和巩固。

在一般情况下,以采用中等强度的刺激较适宜。但在具体使用时,应根据狗狗的特点和当时的具体情况适当掌握,灵活应用。

训练中,有时需要刺激狗狗的某个部位,才能引起狗狗做出相应的动作。例如,在训练中,想要迫使狗狗做出坐下的动作,就得按压狗狗的腰部,如按狗狗的其他部位,狗狗就不会坐下。这是因为神经系统对刺激的反应,是按照一定的神经反射弧来实现的,所以在对狗狗使用机械刺激时,必须针对训练动作相适应的部位,否则就不能收到应有的效果。

实践证明,运用机械刺激训练方法的优点是:在机械刺激的作用下,必然会使狗狗做出相应的动作,并能保持这种动作姿势固定不变。如果运用得当,还能使条件反射得到巩固。

有一点要提醒主人,如果过多或过强地给狗狗以机械刺激,会影响狗狗对主人的亲昵感,使狗狗的神经活动处于紧张状态,不利于训练的顺利进行。

# 对狗狗进行"禁止"训练

对狗狗进行"禁止"训练是很重要的。这可以让狗狗不乱咬人畜,不随地捡食和不吃陌生人的食物。

### 禁止狗狗乱咬人畜等不良行为的训练

训练时,将狗狗带到有车辆、行人、畜禽活动的地方,将牵引绳放松,让它自由活动。但需密切监视其一切行为,如发现狗狗有扑咬人畜的表现时,应立即以威胁声调发出"非"的口令,并伴以猛拉牵引绳的机械刺激。

当狗狗停止不良行为时,就用"好"的口令加以鼓励。如此反复训练,直至取消牵引绳也能达到禁止的目的。

### 禁衔他人抛出物品的训练

这种训练可防止坏人用毒物对狗进行危害,对军犬、警犬特别重要。

这个科目的训练,主人最好要有两名助手。训练开始时,先由助手将他手中的物品抛出,如狗狗欲追衔时,主人应立即发出"非"的口令,同时伴以急拉牵引绳加以制止,当狗狗停止追衔时,即应给予奖励。

接着由另一名助手再抛出物品,狗狗若仍想追衔时,仍应立即发出"非"的口令,并急拉牵引绳加以制止。这样的训练,在同一时期内可连续训练3~4次。

当狗狗不再追衔他人抛出的物品时,这个训练科目就算是完成了。

### 禁止狗狗随便捡食的训练

养成和训练狗狗不随处捡食的习惯,是很重要的一个科目,因为不随便捡食,既可防止坏人或敌人放毒危害狗狗的生命,又可防止狗狗在外乱捡食传染上疾病。

训练开始时,可由助手很自然地接近狗狗,并给狗狗食物,或先将食物放在明显的地方,然后牵狗狗到此游散,当狗狗接近食物表现想吃时,立即用威胁的声调发出"非"的口令,并伴以猛拉牵引带的刺激加以制止。

当狗狗停止捡食时,给予奖励。如此反复多次训练,可防止它乱捡食,并形成条件反射。

# 施行强迫手段的注意事项

强迫手段是指主人对狗狗进行训练时采用机械刺激，迫使狗狗准确地做出与口令要求相符的动作，以完成训练意图的一种手段。

在建立条件反射的初始期，施行强迫手段的刺激强度要适中，其目的是迫使狗狗做出动作，并对口令形成条件反射。如主人以普通的声调发出"去"的口令，同时结合拉牵引绳的机械刺激，迫使狗狗前去。通过这种反复施行的强迫手段，狗狗很快就形成条件反射。

但当进入复杂环境训练时，外界刺激增多，狗狗往往不能顺利执行口令，有延误做出动作的表现，在这种情况下，必须采取威胁声调使其形成条件反射。以后即使单独使用威胁声调的口令，也同样能迫使狗狗迅速地做出动作。

如果狗狗患了疾病或身体很疲劳，也会影响口令的执行，不能迅速做出动作，在这种情况下，不但不能强迫它做动作，而且应该及时给予治疗，并让它好好休息。

在施行强迫手段时，必须注意下面几个事项：

口令和机械刺激要结合施行，强迫手段的运用应该及时、适度。

使用威胁的声调和强有力的机械刺激，容易使狗狗产生超限抑制，且会影响狗狗对主人的亲昵感，因而运用强迫手段，必须与奖励相结合，在每次强迫狗狗做出动作以后，应给予充分的奖励。

使用强迫手段，要根据狗狗的特点决定刺激强度的大小，对能忍受强刺激的狗狗，刺激度可适当大些；对那些灵活性较强的狗狗、胆子较小的狗狗和皮肤敏感的狗狗，刺激强度应该小些。

应该在必要的训练项目中适度采用强迫手段，但不宜用得过多，否则，容易产生不良后果。

# 施行"禁止"口令的注意事项

对狗狗训练"禁止"项目，是主人为了制止狗狗的不良行为所采取的一种手段。如制止它咬家畜、家禽和生人，制止它随地捡食和吃生人给予的食物等。

"禁止"一般是用威胁的声调发出"非"的口令，施行时要与强有力的机械刺激结合起来。

主人在用威胁的声调发出"非"的口令时，结合猛拉牵引绳的机械刺激加以制止。这样反复运用多次，狗狗对"非"的口令就会形成抑制性的条件反射，以后在狗狗出现不良行为时，只要使用"非"的口令就能达到禁止的目的。

正确使用禁止手段，主人还须掌握以下几个要点：

在主人下达"非"的口令之后，仍不时使用机械刺激，让反射作用继续保留。

使用制止手段，必须掌握时机，应在狗狗的不良行为刚要发生时发出禁止口令，若延误时机，等到狗狗的不良行为已经发生再加以禁止，就已失去禁止的意义。

主人在发出禁止的"非"口令时，态度应该严肃，但并非一定要对狗狗进行打骂，当狗狗在听到禁止的口令后立即停止不良行为时，就应及时给予奖励，以缓和狗狗的紧张心理。

对狗狗进行机械刺激的强度，应根据狗狗的具体特性适度施行，分别对待，灵活施用，对待幼犬更应慎重处理。

# 第三章

## 常见狗狗品种选购与驯养

# 吉娃娃犬

- **肩高**：吉娃娃犬身体矮小，一般为15～20厘米。
- **体重**：体重最轻的只有0.5千克，重的可达2.7千克，以0.8～1.8千克最为理想。
- **头部**：头部略呈苹果形，其头盖骨中部囟门处有一个小凹陷，即使到成年也不会长满。耳大，间距宽，常侧斜，但警戒时则直立起来。
- **鼻部**：鼻黑色或褐色，以黑色为佳。
- **吻部**：短而尖，齿钳状或剪状咬合。
- **体形**：躯体略呈圆柱形，肩向后倾斜，背平，肋骨充分张开，胸部发达，尾长且尖细，四肢细小。
- **被毛**：吉娃娃犬的被毛有长毛型和短毛型两种。长毛型的，其毛长、直且柔软，或稍有波状小曲，有绒毛层的为佳。耳尖及耳后、颈、肩皆有饰毛，尾部及指趾部也有丰满的羽状饰毛。短毛型的，其被毛短而密，贴身而富有光泽，颈部之毛也较长，但头部及耳毛较稀疏，尾部有绒毛的为佳。吉娃娃犬的被毛有多种，如白色、奶油色、黑色、大理石色、柠檬色、棕色等。有单色的，也有成花斑的。

## 发展历史

吉娃娃犬又名奇花花、支华华、芝哇哇、奇瓦瓦、齐花花等。这些名称都是因最早出现于南美洲墨西哥一个名为齐瓦瓦（Chihuahua）的城市，于是便各自翻译成许多同音或近音作为此犬的名称。

吉娃娃犬是美洲大陆上最古老的犬种。有一种说法认为它是后来和美国阿拉斯加的裸犬杂交后培育出来的。另一种说法认为它是古代墨西哥托尔特克文化时代饲养的"特齐齐"狗与中国冠毛犬杂交而产生的犬种。还有种说法认为它培育于阿兹特克文化时代，说当时统治者让一名奴隶饲养一只狗，由奴隶精心培育而

成。更有犬学家认为吉娃娃犬起源于中国，是由来中国的西班牙人把这种犬从中国带到菲律宾，转而带到墨西哥，至19世纪末才传入欧洲繁衍起来的。它是世界上最小型的犬种，由于它身体小巧玲珑、聪明可爱，最适合于放在手中玩耍，甚至可把它放在大衣口袋里，因而是极受人们喜爱的一种著名玩赏犬。

据有关书籍记载，在公元1100年时，墨西哥贵族就以吉娃娃犬作为其玩赏犬了。16世纪时，西班牙人征服了墨西哥，当地土著人就把这种狗狗奉献给了西班牙入侵者。

西班牙人将它带回欧洲后，就在欧洲繁殖开来了。

到了19世纪中期，美国开始引入了这个犬种；19世纪末、20世纪初，美国展出了这种犬并随后成立了吉娃娃犬俱乐部，在美国建立了此犬的俱乐部之后，到20世纪中期，英国也成立了吉娃娃犬俱乐部。现在，吉娃娃犬已在各国普遍饲养，并成了世界上一种著名的小型玩赏犬。

## 生活习性

吉娃娃犬虽然体形小，是世界犬类中的"小不点儿"，但它胆大、勇敢，在大型犬面前不畏怯，气质高傲，容易冲动。同时资质聪明，行动敏捷，喜爱玩耍。它对主人忠诚，是很尽责的看家犬。

吉娃娃犬最喜欢随主人出去打猎，善于自卫，喜欢吠叫。这种犬的弱点是很不

耐寒，所以冬天应为其保暖，让其在10℃以上的环境中生活。

## 驯养知识

吉娃娃犬有一个令人喜欢的优点，那就是它对生活环境和食物要求不苛刻，因而比较容易饲养和管理。在食物方面，每天给它60～90克的肉类就足够了，较大型的吉娃娃犬，也只需每天供给150克左右的肉类，另加数量差不多的蔬菜和饼干。

由于这种狗不耐寒，所以食物也应以温热为宜。肉类应先煮熟、切碎，并和干素料与温开水调和后再喂饲。

供饲的食物量，应根据身型的大小、气候的冷热和它食欲的好坏来酌情决定。不能让它挨饿，但也不可供食过量，一般是小型犬宜少供些，大型犬则多供些；活动量大时则多供些，活动量小时则少供些。气候凉爽时可稍多供些，气候炎热时则稍少供些。食欲强时可适量增加，食欲差时可适量减少。总之，要以其吃得健康为原则。

给予的食物要求清洁、卫生和新鲜，食盆等食具应经常洗涮干净，进食后要供给一定清洁的饮水。

吉娃娃犬喜欢活动和戏耍，主人出去办事或逛公园时，应带它出去走动，使它有一定的运动量，有利于它的健康。但吉娃娃犬玩心很重，常常不能节制，所以不能让它运动过度。

主人在空暇时，应用软刷子为它梳理被毛，然后用柔软的丝绒或绒布轻轻擦

拭，能使其被毛油润光亮、清新可人。若能隔一段时间为它修剪一下脚趾，可使它行动利落，更加活泼。对吉娃娃犬的眼睛和耳朵，也应每周定时用2%的硼酸水为其清洗擦拭。

吉娃娃犬是一种室内饲养的，不适于长时间放养室外的狗，它很不耐寒，一旦受了凉，就容易患肺炎或风湿性关节炎等病症，所以在冬天或需外出时，要为它穿上毛线编结的或绒布制成的罩衣，使其不致受寒患病。吉娃娃犬还有一种在陌生人面前会颤抖的缺点。因此，平时应对它多加训练，让它多见生人，训练成不怕和陌生人接触的习惯。此外，由于它囟门处有小凹洞，头盖骨比较娇嫩，玩耍时不能让它做剧烈的纵跳或从高处往下跳，防止跌伤脑骨或跌断腿骨。

### 选购技巧与健康指标

| | |
|---|---|
| 1 | 在选购之前，最好先看些相关资料，初步了解吉娃娃犬应具有的外形特征和性格，做到心中有数。这样，在选购时就容易分辨出优劣，得到理想的、符合要求的佳品 |
| 2 | 吉娃娃犬的体形要求是：头要圆成苹果形。鼻不宜长，以短而尖的为好 |
| 3 | 耳朵要大而直立，耳缘要有饰毛。面额要修长些而不能选短而粗壮的，否则就不具有吉娃娃犬特有的美态 |
| 4 | 脚趾（指）应选猫状的或野兔状的，也就是要小而优美的 |
| 5 | 尾要求细长些，并且要向上卷曲的 |
| 6 | 眼睛要大而圆的，不宜选眼球显著突出的 |
| 7 | 被毛要柔软而有光泽，略有波浪形微曲的美观，底毛要较细密的 |
| 8 | 不要一味追求狗的个体小，因为太小个体的狗，可能会是一窝中身体最不强健的 |
| 9 | 要选体格强健，没有疾病（不脱毛、不流鼻涕、便不稀、不咳嗽、不厌食），不乱吠的 |
| 10 | 应选有兽医部门的检疫证书和预防接种记录及驱虫计划书的 |

# 迷你雪纳瑞犬

- **肩高**：大型雪纳瑞犬一般为60~70厘米；标准型雪纳瑞犬一般为45~50厘米；迷你雪纳瑞犬一般为30~35厘米。
- **体重**：最大的雪纳瑞犬可达34千克；最小的迷你雪纳瑞犬，只有5千克左右。
- **头部**：呈矩形且稍长，眼部向鼻方向稍狭，头盖稍长，头顶平坦。
- **鼻部**：鼻色黑。
- **吻部**：口吻端成钝角。
- **体形**：胸部宽阔适中，并向腹部方向略微收缩，背直而强健，呈方形，腰部丰满，臀部强劲。
- **被毛**：被毛粗硬，稠密丰厚，有刚毛与绒毛。刚毛粗而硬，在颈部、耳朵以及头盖处密生，长的可达4厘米。绒毛刚短而稠密。被毛通常有黑色、黑白色、蓝色或胡椒色。

## 发展历史

迷你雪纳瑞犬，又名史劳策犬、大胡须犬、小史猚查狸、小雪纳瑞犬、小型施诺泽犬、小刚毛犬、小型史纳沙犬、却雨克犬等。

迷你雪纳瑞犬由于翻译的不同，所以名字较多。它原产德国的巴伐利亚地区，历史悠久，是古代狸的后裔。

对于此犬的历史，多数人认为它是由标准型雪纳瑞犬和17世纪风行欧洲的阿芬品犬杂交而培育成的。

也有资料认为，迷你雪纳瑞犬有迷你品犬、博美犬、猎狐犬和苏格兰狸的血统。

在1492年的一幅油画里，画家已把当时人们将此犬用作牧羊与看家的情景，栩栩如生地表现在画面上。19世纪，这种犬又被作为农场、牧场及庭院里消灭老鼠、捕猎獾与狐狸用的猎犬。

1899年，迷你雪纳瑞犬被作为一个独特的品种参加展出，并正式得到了承认。

1905年雪纳瑞犬传入美国。1925年，美国成立了雪纳瑞犬俱乐部。从此以后，这个品种就在世界各地普遍繁衍饲养了。

## 生活习性

迷你雪纳瑞犬生性聪明、活泼、胆大而勇敢，精力充沛，爱活动，服从性强。此犬对主人很忠诚，体格强健，容易训练，善于和儿童相处。

过去，这种犬是作为农场犬而培育的，后来人们看到这种犬忠诚于家庭，有出色的看门本领，于是逐渐成了有魅力的伴侣犬。

## 驯养知识

在每天提供给迷你雪纳瑞犬的饲料中，应有肉类250～350克，再加等量的熟干素料或饼干。

肉类应先煮熟、切碎，加适量的水，与熟干素料混合搅拌后再喂。喂饲要定时定点，限在15～25分钟内结束。若在规定时间内未能吃完，就要把食槽端走，并清洗干净。每天应供水2～3次。

迷你雪纳瑞犬喜欢跟随主人外出散步和玩球，因它既能适应乡村比较简单艰苦的生活，也能适应城市公寓生活，因此很受人们欢迎。

每天要为它刷洗被毛，保持洁净。春秋两季要为它修剪被毛过长的部分，还要定期清除耳垢、牙垢和眼屎，以及修剪脚爪。

犬的耳部、颊部和头部的毛也要定期修剪，眉毛也要修剪美化。对全身各部被毛的修剪，要注意以下几点：

（1）头盖上的毛，不能任由其过长，要修得短一些。

（2）颊部和口角之间及眼部的毛，也要修剪得短一些。

（3）口吻部的毛及颊部、颌部的须毛，要修剪适度，使其匀称美观。

（4）耳朵内侧和外侧的毛要修剪得短一些，耳壳外周的毛要修剪得齐些。

（5）咽喉部的毛要修得短而整齐些。

（6）颈毛与被毛要修剪成不长不短的，使背线均衡而整齐。

（7）颈部和背部的毛要按毛的序向从背上开始，向左、向右顺序修剪。

（8）前颈和前胸部的毛，也要按毛的序向向肘部方向进行修剪。

（9）肩部的背毛，应向前胸方向顺序逐步向前修剪，并要短一些。

（10）从背到胸下的毛，要适当留长些，且要向体后方向修剪。

（11）从背部起至大腿中部的毛，要修剪得很短才行。

（12）腰部的被毛，要修剪得比胸毛更短些，腰以下向上卷的毛也要剪短。

（13）在修剪前肢上的毛时，要剪去肘部前方与侧面的毛；脚趾周围的毛及趾

间的毛也应剪去。

（14）从肩部到脚趾尖的后方及从前胸至脚趾尖的线条要修剪得平均整齐。

（15）后肢内侧的毛，要修剪整齐。

（16）从背部至大腿中部的毛，要剪短。

（17）跗关节部分的毛，须剪得极短，能清楚地见到皮肤。

（18）尾部过长的毛，要适当修剪，但不能剪得太短。

（19）尾巴以下至臀部的毛，要剪得很整齐，但不可剪得过短。

在平时饲养过程中，要经常注意狗狗的精神状态、行动、食欲、大便的形态、鼻垫的干湿度及鼻垫的凉热程度，及时掌握狗狗的健康状况，若发现不正常或患病迹象，要及早采取治疗措施。

## 选购技巧与健康指标

| | |
|---|---|
| 1 | 在选购迷你雪纳瑞犬之前，应参阅相关的资料，对该品种的体形特征和特性有个初步了解，以便选购时可以参照检查 |
| 2 | 选购时，最关键的是要选身体结实而健壮、肌肉发达、体形略呈方形体的 |
| 3 | 要选头部要比较窄长而额部较平的；选耳朵呈"V"字形而向上直立，耳端略微向前倾的 |
| 4 | 眼睛大小适中，不宜选眼睛过大或眼球向外突出的。应选眼球深暗或黑色的 |
| 5 | 脊背结实而直的；颈部要较长而略呈拱形的 |
| 6 | 四肢要强劲有力；前肢直，后肢倾斜，大腿肌肉丰满。脚要圆形，趾像猫形脚趾的 |
| 7 | 体毛粗硬，体高与体重在标准范围之内 |
| 8 | 若犬体被毛过短，纯白毛或体有白斑，都不是好品种 |
| 9 | 若颊部过度扩张，胸部太宽或太窄，尾根低，背部不直等都不是好品种 |
| 10 | 若上颌或下颌前出，门齿不能做剪式咬合，见人胆怯，则不合乎该品种犬的标准 |
| 11 | 选购决定后，要向卖主索取该犬的血统证书、技术资料、防疫注射证书及双方签字的转让书等证明材料 |

# 泰迪犬

- **肩高**：大型犬一般为38厘米以上，中型犬一般为25~38厘米，小型犬一般在25厘米左右。
- **体重**：大型犬为9~15千克，中型犬为5~9千克，小型犬为2.5~5千克。
- **头部**：头部呈圆顶形，额部窄小。
- **鼻部**：鼻为黑色。
- **吻部**：口吻长且直，唇部大小中等，颊部平坦，上下颌门齿呈剪状咬合，齿色白而强健。
- **体形**：耳朵长而宽，眼睛呈卵形。颈部长，胸宽而深，背平而短，腰宽广而多肌肉。
- **被毛**：泰迪犬为毛根卷曲之卷毛犬，被毛丰满，但较粗糙。毛有卷毛和绳索状毛两种。卷毛质地自然但较粗糙，密布全身；绳索状毛均匀紧密地下垂呈绳状。其被毛颜色有黑色、白色、银色、灰色、淡褐色、杏色、奶油色、橙色和蓝色等。

## 发展历史

泰迪犬又称贵宾犬、蒲尔犬、蒲多犬。

泰迪犬的原产地究竟是德国、法国、意大利还是葡萄牙尚有争议，至今难以肯定。

有些犬学家认为泰迪犬原产于德国，但法国犬学家认为泰迪犬原产于法国，并早把它作为捕猎犬和杂技表演犬，而意大利犬学家则认为泰迪犬原产于意大利。不过，多数犬学家同意原产于法国的说法，尤其是白色的泰迪犬。认为泰迪犬原产于葡萄牙，其祖先与葡萄牙水猎犬有亲属关系的说法，基本上被多数犬学家否定。

19世纪时，法国饲养它作为水猎犬用。水猎犬就是在水中捕猎野鸭用的犬，其实，早在18世纪时，这种犬已作为上流社会的一种宠物，在皇宫中饲养了。

多数犬学家认为，泰迪犬在欧洲的历史悠久，最早出现于18世纪30年代，其血缘与爱尔兰水猎犬相似，是法国巴贝犬和匈牙利水猎犬的后代，那时的泰迪犬体形高大，肩高可达38厘米，是作为警卫或狩猎用的，一直到许多年后，才逐渐培育成为小型泰迪犬和玩具泰迪犬。

经过长期的调查研究，欧洲多数犬学家得出了一个共同的结论，认为泰迪犬的毛色不同，原产国也不同。如白色的原产于法国；黑色的原产于俄罗斯；茶褐色的原产于意大利；棕色的原产于德国。

泰迪犬被普遍用作水猎犬以后，为了让其能在捕猎时游泳，特将部分被毛剪去，后来就逐渐形成了一定式样而承袭下来。

## 生活习性

泰迪犬聪明伶俐，机智敏捷，很自傲，有耐力与韧性，非常活跃，易于训练。能服从主人的命令，听从指挥，善于文艺表演，胆大而快乐。缺点是喜欢受人赞赏、爱出风头，有时也会羞怯。

泰迪犬的毛发蓬松，针毛层极为密茂，像极细的金属丝，紧密而卷曲；其绒毛像羊毛，若不修剪，可形成细毛柱形毛束。

泰迪犬由于被毛蓬松，独特而美丽，一直受贵妇们的宠爱，长期盛行于欧洲。这种犬不仅聪明活泼，且具有猎犬时代的遗风，既可作为玩赏犬，也可作为表演犬，深受人们的喜爱。

## 驯养知识

1. 由于泰迪犬的被毛特别丰厚，因而在供养的食物中必须具有丰富的蛋白质，每天给予肉类不得少于150克。喂前要加等量的素食或饼干用水调和。同时应供给些新鲜清洁的饮水。肉类必须新鲜而洁净，餐具要经常洗刷消毒。

2. 每天要引导它在庭院中玩耍和快步行走，保证其有适量的运动。

3. 它的毛要特别加以护理，每天都应用软钢丝刷为它刷毛，并每月修剪一次被毛，还要定期为它洗澡。

4. 后躯的毛要经常修剪。这种犬十分喜欢游泳，见水就上，甚至会玩自己的尿而弄污被毛，所以一旦发现弄污了毛发，就要立即清洗、修剪。

5. 要经常为它清除牙垢和外耳道上的耳垢。

6. 泰迪犬的幼犬很容易患病，平时要特别注意预防，注意它的饮食卫生。

7. 对泰迪犬的健康状况，每天都要认真观察，特别要注意以下几个方面：

①精神状态是否正常，是否活跃，神情有没有呆滞现象。

②鼻垫的干湿程度是否正常。

③身体的温度是否正常，有无发热症状。

④食欲有无减退状况。

⑤大便是否正常，有无腹泻和闭结现象。

⑥吠叫的声音是否正常，有无声音沙哑等喉炎现象。

一旦发现有患病迹象，应给予针对性的治疗。

## 选购技巧与健康指标

| | |
|---|---|
| 1 | 选购时应按照该犬的品种特征和性格，逐条核查拟购的对象是否符合标准 |
| 2 | 要求上、下颌门齿呈剪刀状咬合，牙齿洁白、整齐、坚实，不突出颌外，没有歪牙或倒牙 |
| 3 | 行动要自如，精神要饱满，体格要健壮，无消化道疾病和遗传性疾病 |
| 4 | 被毛要浓密，毛的质地要粗而不柔软，身体下半部分的被毛不缠结，无结块现象 |
| 5 | 除全身被毛为白色的以外，被毛是其他颜色的，其指趾不宜有白色毛 |
| 6 | 双眼只宜呈棕色或黑色，眼带红色或红丝的，多数是有眼病或视力不好，不宜选择 |
| 7 | 肩要强壮，背部要直，腰部要宽，腹部要略微收缩 |
| 8 | 耳朵要长、要宽且圆，下垂至两颊，耳根较低，耳部的饰毛要丰满且紧密 |
| 9 | 尾巴的基部要粗，且直立，不能弯贴在背上，贴背的有碍外形美观 |
| 10 | 脚趾要紧密，稍呈拱形，脚底的肉垫要软而厚 |
| 11 | 站立时姿态要挺直。步行时姿态步履要轻盈而雅致，步距以细碎的为好 |
| 12 | 要选聪明，机警，行动敏捷，脾气好，能顺从指挥调度，不随便吠叫的 |
| 13 | 若双眼眼角积有眼屎，肛门周围粘有粪便，鼻部干燥发热等，都属病象，不宜选择 |

# 博美犬

- 肩高：一般为20厘米左右。
- 体重：一般为1.5～3.5千克。
- 头部：头部呈楔形，有点像狐狸，头顶稍尖。
- 鼻部：鼻为黑色。
- 吻部：嘴吻较尖，不甚长。门齿为剪刀式咬合，咬切力大。
- 体形：前躯向后倾斜，颈高耸，脊背短。胸宽深，肋骨扩张度略大，后躯细，前重后轻。
- 被毛：博美犬的被毛，上层毛长而直，不卷曲，也不具波浪状，质地较粗，覆盖全身，具有光泽，有厚绒毛层，其头部、胸部、肩部的毛丰盛而蓬松；下层毛较柔软。腿、尾和趾上的饰毛长且丰盛，超过肩胛。臀部有长饰毛。颈部的周围有一圈厚毛。博美犬毛的颜色有多种，如红色、白色、黑色、橘色、褐色、虎样斑纹以及界线分明的斑块等。以前脸、眼周围、耳皆黑的为佳。

## 发展历史

博美犬又名波默拉尼狐狸犬、波美兰尼亚犬、松鼠犬，原产于德国博美拉尼亚州，与萨摩犬、北极狐狸犬、挪威猎麋犬、松狮犬有亲缘关系，也和斯必兹犬的祖先血缘相同，因而有较为悠久的历史。但由于该犬是在博美拉尼亚地区培育出来的，故名之为博美犬。

博美犬的历史可追溯到18世纪，那时许多欧洲国家已有人在饲养，但体形要比现在的大得多。19世纪末传入英国，受到维多利亚女王及一些爱犬者的喜爱，后来经过较长时间的培育，育成了既可以展示又能表演的小型犬。将原来10千克以上的大型犬，培育成为3千克左右的小犬，需要相当长一段时间和大量的精力。当时的英国国立犬舍协会，为了鼓励培育小型博美犬，采取了强硬的措施：对那些体重超过3.6千克的博美犬，不发给证书。到20世纪初，美国也成立了博美拉尼亚犬协会，使这种犬在美国也得到了推广。

博美犬在19世纪末得到英国女王的赏识之后，曾经身价百倍，被认为是犬中位居榜首的宠物，但后来这个荣耀被北京狮子犬所占，只能退居第二，但仍不失为世界著名的佳犬之一。

## 生活习性

博美犬性情开朗、活泼，行动敏捷、机警，生性自傲，容易发脾气，会狂吠乱叫。但大部分时间都很温顺，对主人忠诚，对客人热情，对小孩能友善地维护，喜欢有人对它爱抚、喜欢坐在主人和客人的腿上。会不自量力地向大犬挑战，以显示它的威猛。饲养者应对它进行管教，不让它养成坏脾气和坏习惯。

博美犬的适应性很强，容易接受训练，调教得当，可以使它改去容易发脾气的恶习和喜欢狂吠乱叫的坏习惯，恢复其欢乐和生气勃勃的原本品性。作为温顺的沙发小犬，博美犬能担当起维护小孩和看家的任务。

## 驯养知识

饲养博美犬，应重视其营养的摄入，在每天的饲料中，应供给它肉类150～170克以及等量的素食或饼干，用适量的温开水调和后喂饲。还应每天给它喂2～3次清洁的水。食物要注意新鲜和干净。

博美犬是一种非常活跃的小型犬，不能总是把它关在家里，应经常带它出去散步，适当的户外活动可促进其健康。别看它身体很小，但可以走很远。

梳理博美犬的毛，是件必不可少的工作，如果不能每天梳理，也应至少每周梳理2～3次，因为梳理不仅可让其两层毛松顺不致缠结，而且可促进体内血液循环通畅、新陈代谢旺盛。梳理时，要先用0.1%的护发素将毛淋湿，然后用手将毛搓揉，再用毛巾擦洗并用干毛巾加以吸干，最后将毛梳顺松松。由于其毛有两层，如不经常梳理，它的下层毛很容易缠结起来，使细菌繁殖和滋生虱子，一旦出现这种情况，再去梳解缠结成团的毛，就会造成其大量脱毛，且易引起皮炎等疾病。

博美犬的趾甲长得较快，容易钩伤或抓破主人衣服，须经常修剪。身体各部分被毛及尾毛，也应根据其体形优美的需要，适当加以修剪梳饰。平时除用粗孔梳梳

理全身被毛外，还应用细孔梳为其梳理颈部、脸部、耳部、口端及脚部的短毛。

博美犬怕受主人的冷落，因而在主人出门探亲和旅行时，最好也将其带上，这可以适应它喜欢与人交往和喜爱热闹的性格，可使它更加活泼、欢快、讨人喜欢。

博美犬有生性自傲的缺点，平时不可对其过分纵容、宠溺，须注意适当的调教，不让它轻易发怒和狂叫乱吠的坏习惯发展，以免令人生厌。

平时还要关注它是否有患病的迹象，一旦发现患病苗头，应及时对症治疗。

### 选购技巧与健康指标

1. 要先看些有关博美犬外形特征及其性格、习惯的资料，以便在购买时辨清优劣，购回符合标准的佳品
2. 在体形上，要看购买的犬大小、肩高和重量是否适宜，有无畸形和是否纯种等情况
3. 在玩赏价值上，要看能否达到外形优美、玲珑活泼、灵敏可爱的要求
4. 要看全身被毛是否均匀、丰满，毛色是否庄重雅观
5. 博美犬虽属小型犬类，但不可选得过小，雄性体重少于1.8千克的不可取，雌性体重少于1.6千克的也不可取。此犬种分娩时难产的较多，过小的雌犬更容易出现难产现象
6. 指趾也应认真察看，要选大小适中，有细密饰毛的
7. 头骨过圆或扁平，鼻色过浅、眼睛过小或突出，眼周围色浅，耳朵过大下垂，均属不好的品种
8. 经常将舌伸露口外的犬，属腹内过热，是一种病态，不宜选购
9. 体质健壮、吠声响亮、精神饱满、步态轻快自然的应列为首选

# 卷毛比熊犬

- 肩高：一般为20～30厘米。
- 体重：一般为3～5千克。
- 头部：头盖骨较长，头部因被毛所遮盖，外观呈圆形。
- 鼻部：鼻部圆而色黑，柔软光亮。
- 吻部：嘴唇下垂，亦为黑色，上下门齿为镊状咬合。
- 体形：颈部略长，胸深、背部稍圆而平直，腰部宽阔略呈拱形，肌肉丰满发达。
- 被毛：被毛丰富，毛质柔细，全身披螺旋状长毛，长6～10厘米，皆单层，无绒毛。被毛多为纯白色，但也有在白色被毛下带有少量暗色毛的。

## 发展历史

卷毛比熊犬又名小白卷毛犬,法国拜康犬、法皇拜康犬、短鼻卷毛垂耳犬。此犬原产地说法不一,大多数人认为原产于法国和比利时,英国人则认为原产于大不列颠。另有人认为原产于地中海地区,可能是巴比特犬和水猎鹬犬的后裔。

该犬原称巴比熊犬,后来缩称为比熊犬。比熊犬曾分为4类,即比熊哈瓦拉犬、波隆那比熊犬、马尔他比熊犬和比熊特纳利夫犬。

卷毛比熊犬最早是在加那利群岛的特纳利夫岛繁衍起来的。13世纪时,意大利水手发现了这种狗,便把它带到了欧洲大陆,从此,就成了欧洲各国贵族的宠物。

16世纪初,弗朗索瓦一世时把这种犬引入法国,在16世纪后半期,该犬处于鼎盛时期。在西班牙著名画家的画中,都能看到比熊犬活灵活现的形象。

18世纪末期,这种狗曾一度衰落,只有少数卖艺人带着它作为表演犬在街头露面,直到20世纪后,比熊犬才再度受到重视,重新兴旺起来,风靡世界各国。20世纪中期,正式引入美国。

## 生活习性

卷毛比熊犬性情活泼、开朗、聪明、机警而且勇敢,感情丰富,善于和人亲切相伴,对主人忠诚,能服从主人指挥,喜欢被人爱抚与赞赏。

对环境有较强的适应能力,不害怕陌生的环境和人。常喜欢昂首引领,高举卷曲的尾巴,显出有些得意洋洋的姿态。

由于此犬具有洁白如玉的毛,身材小巧

玲珑，姿态优美，令人喜爱，故饲养者较多。

卷毛比熊犬聪慧灵巧，易于训练，善于学习各种表演技能，因此它不仅是优秀的陪伴犬，也是出色的表演犬。

### 驯养知识

在卷毛比熊犬每天的饲料中，应配肉类150～180克，加入等量的干素料或饼干，用适量的水调和后喂饲。肉和干素料都要煮熟切碎后再调拌。各种饲料都需用新鲜和清洁的食材，尤其在气温较高的季节，上顿吃剩的食物，不能留作下顿继续供喂，必须及时倒掉，并洗净食具。

卷毛比熊犬生性活泼好动，每天要有一定的时间让它尽情地奔跑与嬉戏。让它自行在院内散步或带它外出散步，总之要使它有一定的运动量，以促进它的消化功能正常运转，增强抗病能力，保证身体健康。

由于这种狗的美姿主要表现在洁白的被毛上，所以必须注意并保证被毛的清

洁、整齐和柔润，要经常仔细地为它梳理和修剪被毛。天凉时可每隔1～2天梳理一次，天热时每天都须梳理，还应定期为它洗澡。

每隔一段时间，在梳理或洗澡后都要为它修剪各部分过长的饰毛和脚爪指甲，以保证它优美的姿容。

毛的修剪要求是：把头上的毛修剪成圆形，让眼睛露出来。脚趾四周过长的毛也要适当修剪。修剪时要注意安全，切勿损伤皮肉。

## 选购技巧与健康指标

1. 选购时应按此犬的外形特征和它的特性进行挑选，要求被选购对象基本符合各项标准，不应有差异太大之处

2. 此犬与马尔济斯犬有不少相似之处，选购时一定要加以区别，他们的不同之处在于马尔济斯犬的被毛长而直，卷毛比熊犬的被毛卷曲；马尔济斯犬四肢较长大，卷毛比熊犬四肢较短小

3. 要求上、下颌门齿作镊状咬合，嘴唇黑而下垂，鼻圆而色黑

4. 眼睛应稍圆但不突出，且呈暗色，眼缘也呈暗色

5. 不可选上、下颌前出、鼻呈粉红色、眼及眼周的色浅淡、被毛杂有黑色小斑的

6. 不应选四肢像牛的四肢、口吻既短又粗、牙齿不能咬合或缺齿，尾巴直立在背上或下垂的

7. 不能选颈部过粗、过短，躯体卷曲，头部常低垂，尾部无毛的

8. 不宜选患有消化道疾病未愈，肛门周围尚有黄色渍迹或沾有粪便的

9. 应选择被毛洁白如玉，毛长而略微弯曲，精神饱满的

10. 应选择常昂首而竖起尾巴，步态轻快优美，显出得意洋洋神态的狗

# 北京犬

- 肩高：一般为20~25厘米，最大的也不超过27厘米。
- 体重：标准体重为5千克，也有超过6千克的。
- 头部：头部宽大，天庭内陷，两眼大且凸出。
- 鼻部：鼻部宽扁，鼻孔宽大，眼鼻都呈黑色。
- 吻部：吻部扁而翘，嘴上部有皱纹。
- 体形：体形和外貌显得矮墩墩，长毛披身，胸部宽大，后腰细窄，前部低矮后身较高。
- 被毛：北京犬全身长着长直而茂密的毛，不粗不细，光润柔软，直至腿、臂、脚趾都垂着丰厚的饰毛。在北京犬中，前脸及眼、耳、鼻皆呈黑色的最受人喜欢。

## 第三章 常见狗狗品种选购与驯养

### 发展历史

北京犬的正规名称,应为"北京狮子犬"。人们习惯称之为"京巴""狮子",是因为其嘴巴短而且宽,类似狮子。冠以"北京"两字,是因这种犬只有北京独有,并无传种外地,当地人就以"北京狮子犬"名之。这个品种,目前在我国繁衍最多。

据记载,只有宫廷皇族才有玩赏和饲养北京犬的特权,不允许民间占有。其实,这种狗由于其价格高得令人咋舌,普通百姓也没有这种经济能力买得起它。正因为这种狗只有少数贵族饲养,没机会与普通的狗种杂交,因而一直保持着血统纯正。

### 生活习性

在众多的犬种中,北京犬在我国繁殖得最快、饲养者最多。北京犬之所以受广大养狗爱好者的喜爱,主要是因它有以下三个优良特性:

(1)温和驯顺。主人在喂养期间,无论训练它的能力,还是抱着它玩赏,无论带它到室外散步,还是为它洗澡梳毛,它都能温顺地接受人们的安排和摆布,不会反抗,更不会伤人。即使是小孩抚摸它,和它逗乐,它也能很好地配合。它很有灵性,特别是对熟识的人,显得很亲善友好。在养熟了之后,对主人说的话,也能领会其中的意思。当喊到它的名字时,它会立即表现出答应的神态,当人们用"过来""出去""躺下""回家"等简语命令它时,它都能立即照办。

(2)庄重大方。北京犬不会攻击,不害怕人,见了生人也不畏惧羞怯,端庄大方,既不会有欺生的恶意,也不躲躲闪闪,畏缩不前。在接受女性、儿童的玩赏时,能安静友好地听从主人指使,不会违抗。它对食物比较将就,不会挑剔给予的食物,也不会撒娇。

对北京犬的喂养,应经常为它梳理被毛,清除污垢,以促进其血液循环。隔一段时间,要用棉花蘸水为其清洁眼部及脸部其他器官。对北京犬可以给予适当抚爱，但不可娇宠过分，使其养成不良习惯。

北京犬的寿命较长，在生活条件适宜、正常的情况下，一般可活上十几年。

（3）勇敢顽强。即使遇上了比它大得多的动物，它也毫不示弱，不会畏惧退缩。若遇到其他动物对它进行威胁，它会显示出宁死不屈的坚强特性。它对主人非常忠诚，当主人遭到侵害时，它会激烈反抗，并保护主人。

## 驯养知识

在北京犬的饲养管理中，要给予足够的营养。每天除喂适量的蔬菜、面包、饼干等素食外，还需在上午、下午各喂一次150～250克的瘦肉，也可以喂小虾、鱼肉。素食中最好加点奶粉、钙粉和复合维生素研碎的粉末。同时还应给它喝点凉开水。

狗狗需要有一定的活动量，以促进血液流通和新陈代谢。所以，主人上街购物或去公园散步时，最好也能带它出去走动走动。

注意清洁卫生工作，也是养好北京犬的重要一环。每隔5～10天，要为它做干洗刷毛一次；每隔3～4个月为它洗一次澡，在夏天，每隔一个星期就应为它洗一次澡。这种狗的毛又长又厚，每天都要为它梳理一次，否则，会缠结成疙瘩。若能在梳理前撒上点梳毛粉或护发液，梳理效果会更好。平时，还应注意不与其他狗混养，不让它和别的狗打架，否则容易撕脱被毛，造成外观上的缺陷。

北京犬比较娇气，抗病和抗恶劣环境的能力不强。炎热的夏天，特别是闷热的

天，它会出现呼吸困难，甚至中暑害病。平时不要让它在烈日下活动，必要时应设法为其降温或移到通风凉爽处。在天气忽冷忽热时，要给予适当调节，防止受凉患上感冒。北京犬在室温高的环境中生活，容易脱毛，应让它在温度低些的环境中生活。

## 选购技巧与健康指标

1. 体格健壮，但不能过胖；行动要灵活敏捷，步态轻快，看上去很有活力
2. 头要大而宽，脸要扁而阔；头圆的不是佳品，不宜选购
3. 鼻梁短而阔，并略微上翘的为好
4. 嘴巴要端正而宽阔，嘴歪露牙、伸舌的为次品
5. 眼睛周围有黑色罩毛，并一直延续到耳部的为好
6. 肩部和胸部要宽阔，前腿宜短而内曲，后腿要细长而挺直
7. 体毛要密而长，并柔顺、整齐、有光泽，不可短而杂乱，更不可有脱毛现象
8. 两眼应既大又圆，凸出有神，转动灵活，眼珠亮泽。眼球宜黑多白少，眼外不应有眼泪或污垢
9. 耳朵外耳道洁净无污垢，内侧呈红润的较为健康
10. 肛门周围的毛要干净无污物，若粘有粪渍，肛门有红肿、溃烂的则为患病的狗狗，不可选购
11. 抱在手上时，要能感觉到狗狗精神抖擞，而非软绵绵的一堆
12. 食欲旺盛，吠声清脆响亮

# 蝴蝶犬

- **肩高**：雄性肩高为21~26厘米，雌性比雄性略矮1~2厘米。
- **体重**：雄性为3~4.5千克，雌性为2.5~3.5千克。
- **头部**：头较小，两耳之间的头盖骨略呈圆形，耳郭大且直立是它最明显的特征。
- **鼻部**：额鼻段较深，鼻小而圆，鼻尖略平，鼻色暗褐，门齿为剪状咬合。其唇部紧闭而不下垂。
- **吻部**：此犬口吻长而尖。
- **体形**：前脚细长，胸部较深，肩部略向后方倾斜，腰部略呈拱形，尾部的尾根高且长。
- **被毛**：毛长而丰满，无下层绒毛，体上被毛如丝如线，平坦而富有光泽。胸颈部毛长而松散，很像披着围巾。其头盖上、口吻和前肢的毛较短；但大腿内侧，前肢的后面和尾部的毛则较长，一般有12~15厘米。耳部也有很长的垂毛。据书中记载，在100年前，蝴蝶犬的被毛是很单纯的，经长期培育后，现今的被毛已经多种多样，但仍以白色为主，间以其他色的斑块。以白底红斑或杂以红、黑、灰色斑者为多，以面部斑纹对称者最受人喜爱。鼻部多数都是黑色。

## 发展历史

蝴蝶犬又名巴比伦犬、蝶耳犬，系由法语"蝴蝶"而得名，又因其耳朵上长有一层装饰性的耳毛，样子很像张开的翅膀，故被人们称之为"蝴蝶犬"。关于它的来历有几种说法：一些犬学家（特别是法国人）认为，蝴蝶犬是地地道道的纯法国品种；另有一些犬学家认为，蝴蝶犬起源于意大利，是在16世纪时由意大利波伦亚的贵族赠送给当时的法国国王，后来成为法国宫廷贵族宠物而专门派人饲养和保持其品种的。

还有的犬学家认为，蝴蝶犬的祖先是比利时犬的一种，经过变种后传入西班牙，由西班牙大量繁殖起来的，是西班牙的猎犬改良培育成的小型种，所以也叫"西班牙蝴蝶猎"或"矮小的西班牙犬"。但国际犬学联合会则认为它确实起源于法国，1920年左右传入美国，现在已遍及世界各地。

## 生活习性

蝴蝶犬性格温和柔顺，胆大而活泼好动，身体强健，精力充沛，特别能适应气候变化。对主人热情、温顺，很能听从主人的意见行动，喜欢主人的关心与爱抚。喜好活动和玩耍，反应迅速敏捷。

蝴蝶犬能吃苦耐劳，既适于在乡间饲养，作室外活动；也适于在城市的寓所内饲养。它是一种外观优雅、美丽的犬种，善于讨人喜欢，既能乖乖地让人抱在怀中玩耍，又能敏捷地捕捉鼠类，被称赞是文武全能的小家伙。

## 驯养知识

饲养蝴蝶犬的主人，必须有充分的空闲时间可以支配，因为这种犬是一种十分标致优美的小型长毛犬，需要有人管理，例如它的长毛得每天用猪鬃毛刷梳理，不过不必像西施犬那样扎毛。天气冷时，只要每隔4～5个月洗一次澡就行，但炎热的夏天，至少一个月给它洗一次澡。平时应保持其被毛洁净光润，不能让污物沾上，有碍美观。

蝴蝶犬每年会自然换一次毛，时间一般在3～4月间，所以不用为它修剪绒毛。蝴蝶犬很爱活动，特别喜欢跟着主人一起外出散步，上街采购或到公园游玩，并总是绕着主人身前身后跑动。给予它适当的运动量，有助于增进食欲及促进其肠胃消化吸收，增强体质。

饲养蝴蝶犬应重视其养分的充足摄入，每天供给150克左右的新鲜肉类食品，除

此之外，还应给数量差不多的素食、无糖或低糖的硬饼干以及清洁的凉开水。

若给蝴蝶犬配种繁殖，不可用其近亲，否则会失去其优美的体态及被毛的特征。对此犬的趾甲，要及时修剪，尖锐的趾甲会损伤主人的衣服和身体。蝴蝶犬极爱玩耍嬉戏，最好能饲养两只，以让其有同伴戏耍，减轻主人的负担。饲养期间，要经常注意它的精神状态及食欲情况，发现病症应及时治疗。同时要避免过度宠爱，养成任性和不听话的毛病，为此应多加调教，严格训练。

## 选购技巧与健康指标

1. 要选体质强壮的
2. 根据蝴蝶犬应有的外貌和体形特征，不能选品种有所变异的
3. 检查其前额至鼻梁的斑纹条是否对称，只有对称者才比较美观
4. 耳朵应大而挺立，并有较长的饰毛，整体外观酷似蝴蝶形状
5. 头盖骨要圆、口吻要较长而尖薄，不要选头盖骨太长和吻部过长过厚的
6. 眼睛颜色要深，颜色过浅的可能不是纯种蝴蝶犬
7. 身躯过短或四肢过长的，有失蝴蝶犬的美丽姿态，应拒之门外
8. 毛色以白黑色、白红色、白灰色和白褐色的为佳，单色毛的为次品，不宜选购

# 腊肠犬

- **肩高**：小型腊肠犬雄性肩高一般为22~28厘米，小型雌性肩高为20~24厘米。
- **体重**：雄性为7~12千克，雌性为6~11千克。
- **头部**：头部较圆，从头部到鼻尖均匀逐渐收小。
- **鼻部**：鼻子为黑色。
- **吻部**：口吻长而尖，门齿做钳状或剪状咬合。
- **体形**：颈较长，颈背呈拱形，肌肉丰满。躯干部长，臀部长而丰满，尾根高。
- **被毛**：长毛型犬具丝状长被毛，其颈下、体下侧、耳朵及四肢后缘皆具长丝状毛，尾部毛最长；短毛型犬种被毛短润滑，有光泽，夏季常可脱毛成光秃犬；刚毛型犬，其额部、耳上、眉部被毛较长，其他部位毛皆粗短，眉毛像刷子，颌下有须，耳毛短而光滑，尾部的刚毛长。
长毛型和刚毛型的被毛不定；短毛型的被毛有黑褐色、赤色、茶褐色。
有些德国的品种有花斑。

## 发展历史

腊肠犬又名达克斯犬、短腿猎犬、猎肠犬、猎獾犬。

对此犬的来历有3种说法：

第1种说法认为腊肠犬的祖先是德国产的古老猎犬，17世纪时就出现在德国了。由于这种犬善于捕捉獾，所以称它为猎獾犬。

第2种说法认为腊肠犬原产于德国，从它的德文名称来看，应该称为达克斯犬或短腿猎犬。

第3种说法认为腊肠犬和原产于法国的巴色特猎犬为同一祖先，它能以敏锐的嗅觉追踪獾熊并钻入狭窄的洞中去猎捕，因而繁衍成如今这般体长腿短的模样。

早在19世纪中期，德国就有了腊肠犬俱乐部，到19世纪后期，公布了这个犬种的标准。此后不久，德国又成立了达克斯犬俱乐部（又称为德国短腿猎犬俱乐部）。只是此时还只有短毛型腊肠一个单纯的品种。

19世纪中期，腊肠犬成了英国王妃亚历山德拉心爱的犬种，并在20世纪初改良成为玩具型犬，受到犬迷们的欢迎，成立了小腊肠犬俱乐部。

## 生活习性

腊肠犬性格开朗、勇敢、聪慧而活泼，嗅觉灵敏、善掘洞、依恋性强、顽皮好动，常会做出滑稽的举动。对主人能服从命令，与主人的家人能很好相处，但对陌生人警觉性很高，一旦嗅出来是陌生人，会立即以洪亮出奇的吠声报警。气势轩昂，行动快捷，具有良好的狩猎与看家本领。

腊肠犬虽然腿特别短，但身体一般都很强健，能经得住长途行走，也能承受得住大运动量的活动。

腊肠犬对主人的性情举止，有一定的模仿能

力,若主人性格温和而庄重、以诚待人,它也会以同样的态度出现,反之,若主人脾气暴躁、待人刻薄,它也会模仿着以同样的态度对待来客,这一点很值得饲养者注意。

## 驯养知识

在饲料的供给上,每天要按犬体的大小分别喂肉类150~300克和等量熟干素料。肉类应加水煮熟、切碎,并加少许开水与干素料混合拌匀后再喂饲。要在规定时间和规定地点喂饲,并限定15~25分钟内吃食,不能拖延时间,以养成良好的生活习惯。饲料必须清洁、新鲜,食盆等餐具应经常洗刷,并供给干净的饮水。

腊肠犬由于体形特殊,体长腿短,容易发胖,从而引起各器官的疾病,所以必须保证它有一定的活动量。每天都应让它在室内走动和奔跑。在活动中身如沾上污泥和尘埃,就要用毛巾和湿布为它拭去,以保持被毛的清洁和柔顺。

对长毛型的腊肠犬,更应重视刷毛工作。首先用刷子沿耳下方梳刷,使饰毛更加柔阔美观。接着梳理前趾的前方和以下部分,以及后缘的饰毛。最后,从肩部开始,自上而下地梳理至其身体的下方,后肢关节以下的毛也可适当梳理一下,使其不黏结。对趾间的毛可给予适当修剪,使其步行不受累赘。尾毛要从尾根向下梳理

到尾尖，除去沾在毛上的污垢。

对刚毛型的腊肠犬，也应为它梳理粗毛，不要因其毛粗短而忽略，否则也会积污生病。

除梳毛工作外，还经常用2%的硼酸水为它洗眼垢（用脱脂消毒棉）、耳垢及齿垢，并定期修剪趾甲。

平时要训练它不乱吠乱叫，养成不撕咬罩衣、定点排便的好习惯。

## 选购技巧与健康指标

1. 要事先参阅腊肠犬的有关资料，了解腊肠犬的外形特征及内在特性，初步掌握选购腊肠犬的标准和要求
2. 腊肠犬应要求有体长腿短、胸宽而低位的身材
3. 背部要平直而不成拱曲下坠，腹部既不因过胖而下坠，也不因瘦弱而干瘪
4. 头圆嘴长、鼻端修长而多筋肉，前肢稍短而坚实，后腿适度后屈
5. 鼻端修平，牙齿剪状，咬合紧密。眼睛椭圆而富于表情变化，不呆滞
6. 尾宜长而逐渐尖细，尾梢卷曲，与背部成水平
7. 颈部须略长而多肌肉，呈弧线型，喉部不应有垂皮
8. 前胸部分突出而宽阔，体呈长方形而低矮，但行动轻快敏捷
9. 毛色以白色或前胸有小白斑的为次品，不能参展，价值较低

# 西施犬

- **肩高**：一般为23~30厘米，最高也不超过38厘米。
- **体重**：一般为4千克左右，最大的也有7千克的。
- **头部**：与北京犬的不同之处是它的头比北京犬圆，头部的长毛更多更密，披垂下来，几乎把眼睛和鼻子全都遮盖住了。
- **鼻部**：鼻孔宽大、张开、色深。
- **吻部**：嘴吻呈方形，短而突起，唇部丰厚。
- **体形**：躯干略长于体高，胸部较宽，颈长，背水平，臀部平坦略高起，尾位稍高，尾毛浓厚上突四披成束。
- **被毛**：被毛有灰色、米黄色、褐黄色、白色、咖啡色及黄白色、灰白花斑等多种颜色。

## 发展历史

西施犬又称狮子犬、中国狮子犬。原产于我国西藏，据说是17世纪中期由西藏的达赖喇嘛献给清朝皇帝时开始繁衍的，是拉萨狮子犬和北京狮子犬杂交的产物。原来由清朝宫廷专养，是清朝皇室的宠物，慈禧太后死后，这种犬被引入英国，然后又由英国引入其他欧洲国家。

当时在英国，这种犬很快繁衍开来，在上流社会风行一时，据说1935年，英国还成立了西施犬俱乐部。由于澳大利亚是英联邦成员国家，很快又传入澳大利亚。以后又被引入美国，并在美国的养犬俱乐部中得到推广。

由于西施犬长相像狮子，威武活泼，而性情却很和善，美丽可爱，得到英国养犬者的赏识，所以有人用中国古代美女西施的名字作为这种犬的爱称，名之为Shih Tzu以表达对它体态优美动人的称颂。

## 生活习性

人们喂养西施犬，大都是作为生活伴侣和家庭宠物的，因为西施犬具有文静、机灵、温和、欢快而多情的性格。它不易和其他犬相处，但对主人很热情，善于和儿童及家庭中其他宠物亲密相处。对家庭中饲养的鸟类、金鱼、猫等，它都不会去侵害。对主人以外所能接触到的人群，它都能表现得友好亲

善，这是它能得到广大喂养者喜爱的重要原因。

><:驯养知识:><

要西施犬长得壮健活泼，一定要给予充足的营养，每天除喂一些蔬菜、饼干等素食外，还应喂一定的肉类荤食，喂食量为每天150~200克。

为使西施犬血脉通畅，新陈代谢旺盛，就要让它有一定的活动量，应每天带它出去散散步，或带它到野外、公园奔跑嬉戏。

西施犬的美观，主要表现在长毛密茂飘洒上，为保持它的长毛疏松光润，就需要每隔1~2天为它顺着毛向梳理一次。梳理前，最好喷点护发液或爽毛粉，使其被毛疏松光润而不致结成团、块。

在春、夏、秋季，要视气温的高低，安排为它洗澡。若天气较凉，可每隔2~3星期为它洗一次澡；若天气较暖，则应每个星期为它洗一次澡；炎热的夏季，则要每隔3~5天洗一次澡。洗澡前，可用脱脂药棉把它的耳孔塞住，以防止有水流入耳道而引起耳炎等疾病。

入浴前，先要把犬的下层毛梳理一下，免得长毛被水湿透后发生板结。除洗澡外，每天都要用脱脂棉蘸上温开水擦拭眼、鼻及口吻部，保持面部的清洁。由于西施犬眼睛有较大的面积暴露在外，容易受到细菌感染，出现红肿发炎，因而还需每隔1~2天用眼药水滴眼一次，作为预防措施。

细心的喂养者很注意保护西施犬身上的被毛，他们用橡皮筋把它身上各部分的毛一小束一小束地捆扎起来，待到洗澡时才解开，这是为防止犬身上的长毛折断和打结，并防止染上污垢。特别是脸部各处的毛，如额头上的、耳部的、颜面两边的毛，捆扎起来很有好处，可防止进食时沾上污垢和避免长毛遮住眼睛等。

### 选购技巧与健康指标

| | |
|---|---|
| 1 | 头要圆而宽阔 |
| 2 | 胸部要宽而深 |
| 3 | 眼睛要大而圆且不突出，眼珠要溜黑 |
| 4 | 嘴要吻部短，色素均匀，唇丰满 |
| 5 | 鼻要宽大，鼻色要黑润 |
| 6 | 耳朵要大而多毛，毛下披 |
| 7 | 腿要粗壮而强劲，脚底肉垫要厚软、脚趾要圆厚 |
| 8 | 脊背要平直 |
| 9 | 全身的被毛要细密而长，毛色最好是白色、黑色或金色，尾毛最好要能上卷到背上 |
| 10 | 犬体要健壮，神气十足，动作活泼灵敏 |

# 中国冠毛犬

- **肩高**：一般在25～35厘米。
- **体重**：一般为5～6千克。
- **头部**：头骨较薄，两眼距离较宽，呈黄色或栗色，眼圈略带红褐色；耳朵较大常竖立。
- **鼻部**：鼻孔宽大、张开、色深。
- **吻部**：口吻呈锥形。
- **体形**：较健壮，颈部细而光坦，头高昂，背平直，尾巴较细，前腿长而直，后腿长于前腿，掌节笔直，脚趾稍长。
- **被毛**：中国冠毛犬的头部及双耳有稀疏的冠毛，尾部有羽状饰毛；脚部、趾部、前腿、后腿有稀疏袜状毛，毛质柔软，短的绒毛外有不明显的长而细的针毛，毛的长度和密度适中。此犬的皮肤光滑柔软，为粉红色或粉黄色，有不明显的斑点分布，但有的部位斑点密集成块，呈浅灰色或浅褐色，具有美感。被毛的部位，被毛多为浅灰黄色、黄色、白色或多种颜色混合。

## 发展历史

中国冠毛犬，又有中国无毛犬、半毛犬、中国裸体犬、中国皇家裸犬、中国船犬等名称，其来源说法不一。

有的犬学家认为此犬源于美洲的墨西哥，它与墨西哥的无毛犬有密切关系。但墨西哥研究犬类的学者却认为：美洲的无毛犬来自中国，而且比较具体地指出了由中国传入美洲的时间是1580～1600年。

有的犬学家认为它源于非洲，由非洲裸犬演化而来。

也有的犬学家认为它来自土耳其，是由土耳其的无毛犬演化而来。

还有的犬学家认为中国冠毛犬是几个世纪以前，中国的航海家和水手们在航行中带来的，并在沿途停靠各港口码头时，将此犬与港口商人们进行交易，因而在各地传播开来，至今世界各个古老的港口城市还有这种犬流传下来。

中国冠毛犬现在已经不多，但在英国和美国还有不少在繁衍着，而且很受当地养犬协会和养犬俱乐部的器重。

## 生活习性

性格开朗、活泼、机智、勇敢、警惕性高，既不咬人，也不吵闹。它体形小，温柔且爱清洁，体无臭气，体形美观，亲切可爱，能表演，观赏性强。它身上虽然毛不多，但对气候的冷热有较强的适应能力。据研究，这种犬体中有自己的供暖系统，中枢神经能自动进行调节体温。其体温比人要高2℃左右，进食后体温也会上升一些。

中国冠毛犬有两种类型：一种为粉扑型，全身被毛；另一种是裸型，只有头部和脚有毛，其他部分皮肤裸露无毛，显现出光滑柔软的皮肤。这种犬的繁殖有个特点：幼犬出生时，每一窝都有1只或2只被毛蓬松的粉扑型冠毛犬，其余的都是裸型犬。

中国冠毛犬还有一个与众不同的生理特性，一般的犬类都需要喘息来散热，有的还需张着嘴、伸出舌来散热，但中国冠毛犬很特别，它的皮肤与汗腺相通，可从皮肤直接排汗。所以，饲养者应经常为它洗澡，并为它抹上些婴儿用的护肤油脂，使其皮肤光滑。

由于中国冠毛犬的皮肤裸露无毛，需特别注意对其皮肤的保护：一是平时注意防止锐器的碰撞和高温液体的烫伤；二是不让它长时间受阳光的直射。

中国冠毛犬的前爪特别灵活，能像人那样抓取物件。尤其是当它把两只前脚抱在一起时，简直和人两手抱在一起的姿势差不多。此外，它的皮肤颜色，可随着季节转换而改变：夏季时，它的皮色浅淡，随着天气逐渐转冷，它的皮色会逐渐加深至暗灰色，但到来年开春以后，随着气温逐渐转暖，它又会逐渐变淡成浅灰黄色，夏天则变得更淡。

### 驯养知识

对冠毛犬的饲养，首先要养成其定时进食的良好习惯，一般在供食后不论其是否吃完，都应在10～20分钟后将饲具取走。冠毛犬很贪食，故给食一定要定量，不

能任它进食过量。食物质量要求较高,荤食每天都不能缺少。每天要喂食新鲜的鸡肉、猪肉、鱼肉、牛肉200~250克。喂前要将肉类切碎,并煮至半熟。

除肉类荤食外,还应给些蔬菜(用开水烫一下)或饼干。要特别注意的是,冠毛犬没有前臼齿,千万不可给它啃骨头。

冠毛犬不需要使其有过大的运动量,只需让其在室内走动或小跳、散步就够了。中国冠毛犬还喜欢玩玩具,可给它些玩具让它在玩具周围活动,但不能给它玩尖锐和有角的玩具,以防其皮肤被戳破或碰伤。

可能是由于其体表无毛的缘故,冠毛犬对羊毛容易产生过敏反应,喂养者与它接近时最好不要穿羊毛衣裤。

主人每天应注意观察狗狗的健康状况,留意其食欲是否有变、精神状态是否正常、大便的干稀及鼻垫的干湿是否良好,若发现有不正常的情况,如出现发热等病象,应及时采取治疗措施,以防疏忽小病导致大病。

## 选购技巧与健康指标

1. 在选购时,要特别注意品种是否纯种,因为如果购到了不纯的冠毛犬,它的性格特征可能会完全改变,若变成了性格不和善甚至会咬人的狗,那就会出问题,而且饲养者也不知该怎样去饲养它。

2. 其次要注意狗狗的外形,是否和这种狗狗的特征相符。狗狗的肩高和体重是否在这种狗狗的标准范围以内,也就是说过高、过矮、过重、过轻都不会是好的冠毛犬。

3. 狗狗的头部、双朵、口鼻要端正。这种狗狗只有头部、双耳、四肢及尾巴应该有长毛,而躯体的其他部位都应该是没有毛的。在身体裸露的无毛部分,应该是粉红色的,而且上面应有一些斑点和斑块,要注意观察裸露部分的皮肤要光滑柔软,无皮炎和伤疤伤痕。

4. 要特别注意狗狗的健康状况,如行动是否活泼灵敏,精神是否饱满,双眼是否炯炯有神,若发现形神疲倦、懒洋洋等现象,即使没有病,也不是理想的良犬。

# 日本狮子犬

- 肩高：一般为20~25厘米。
- 体重：由于个体大小不一，小的只有1.8千克，大的4千克。个体较小的更为珍贵。
- 头部：头部宽大而圆，额深阔，眼睛大而圆，耳朵细小，有较长的饰毛覆盖。
- 鼻部：鼻极短，鼻端宽，鼻孔张开，鼻色与斑色同色。
- 吻部：口吻短而吻端较阔。
- 体形：颈部短而粗，躯体呈方形，胸部宽阔，肌肉丰满，腹部略上收。尾较长，有丰富的饰毛。
- 被毛：日本狮子犬的被毛，有白色的、黑色的、黑白斑的、红白斑的，还有红色、柠檬色、黄色或橙红斑纹的，其红色毛越鲜艳、越纯净越好。白色的最好是纯白的，斑纹一般分布在躯干、颊部、耳部和头部。

第三章 常见狗狗品种选购与驯养

## 发展历史

日本狮子犬又名日本狆、日本獚、日本青、日本跳狗。原产于中国，是一种古老的玩赏品种。

关于日本狮子犬的来历，一直有两种不同的说法：

一种说法认为几百年前，中国皇帝曾将一对这种狗赠送给日本天皇，受到日本天皇的宠爱，还曾下令要日本国内的人都要尊重和饲养这种狗。当时贵族们饲养此狗的较多，并作为贵重礼物赠送给外交官和对日本有重要贡献的外国人，因而由此传往世界各国。

西方犬学家有另一种说法，他们认为日本狮子犬是西班牙血统的小型犬，与马尔济斯犬是同一类型，是古罗马和希腊的商人到中国作丝绸交易时带到中国的。后来，它被中国宫廷视为宠物，并加以扩大繁殖，再输入日本。从此以后，又与日本的犬杂交，成为这种日本狮子犬。

另有资料记载说，此犬是17世纪由英国船舰从日本带到英国，并于19世纪时成为英国维多利亚女王宠爱的名犬，因而提高了这种日本狮子犬的知名度，所以民间饲养的人也越来越多。

后来，由于此犬在英国被训练成为表演犬，接着美国也相继把这种犬驯养成了表演犬，此后，日本狮子犬就成了名犬。

## 生活习性

日本狮子犬性格活泼、聪明伶俐，举止既优雅又有几分高傲。看人时常常歪头斜视，显得神气十足，乖巧而调皮，具有贵族的高雅风度。

此犬喜欢散步、奔跑和爬高。它身

材与姿态优美，行走时趾尖点地。

此犬聪明而乖巧，能通过训练学会各种动作，所以可培养成优良的表演犬，也可作为放在膝上玩耍的陪伴犬。

日本狮子犬还有一定的优越感和自尊心，喜欢成为人们注目的焦点，愿意被人宠爱与夸奖。当它向主人撒娇时，最怕主人拒绝或不理它。

### 驯养知识

每天需喂食碎牛肉150～250克。若无牛肉，可用其他肉类（精瘦的）200克左右代替。再加相同数量的干素料或少糖的饼干。日本狮子犬喜欢啃肉骨头，可适当喂些煮至半熟的肉骨头，这样可增进其食欲。

食料量要掌握适当，切不可过多，也不能是很甜的饼干和蛋糕，否则容易发胖，长得过大而笨拙，从而失去活泼灵敏的优点。因为这种犬的可爱之处，就是小巧玲珑，以小取胜的。

每天要为日本狮子犬安排适当的运动，以促进食物的消化、机体的发育和强健。日本狮子犬很喜欢陪主人外出散步、奔跑跳跃和登山攀崖等活动。但要注意它的安全，防止跌伤。

日本狮子犬的被毛像丝一样柔软而丰盛，很容易紊乱和扭结成团。加上它喜欢奔跑和攀爬，被毛上很容易染上污泥和尘土，所以每天都要为它梳理和刷除尘污。在梳刷之前应先撒上些滑石粉，然后再用棕毛刷梳刷全身被毛。

炎夏时节出汗多，应每隔1~2天为它洗一次澡。天凉时可每隔10~15天洗一次，洗后要立即用电吹风将毛吹干，以防止受凉感冒。每隔3~5天还应用稀硼酸水替它清洗眼睛。要每隔几天洗一次耳朵，除洗耳壳外，也应除去耳垢，以防污垢积聚发炎。日本狮子犬的鼻道很短，在炎热的夏天不应让它作强度较大的运动或在炎日直射下出去散步，因为气温高时，它容易出现呼吸困难的症状，所以夏天应在早晨或傍晚凉爽时进行外出散步等活动。

在夏季，饮食卫生要特别重视，饲料中的肉类要求新鲜不腐，食具要常洗保持洁净，天热时切不可忘记经常供给清洁的饮水。平时要留心观察它的食欲是否有减退现象，粪便是否成形，鼻垫的干湿是否正常，精神状态是否良好，若发现问题要及时采取措施，必要时应请兽医治疗。

## 选购技巧与健康指标

1. 在选购日本狮子犬时，不要把北京犬当做日本狮子犬。这两种狗有不少相似之处。如两者的脸部都较扁平，鼻子都不尖，尾部的毛都很丰盛。但日本狮子犬与北京犬相比，日本狮子犬背部要长些，腿较细长，口鼻部较短，眼睛较突出，耳朵呈"V"字形，体态较轻巧

2. 要检查拟购狗狗的各部分，是否符合日本狮子犬应有的形态特征，最好要求各方面基本相符

3. 拟购的狗狗一定要身体健壮，精神饱满，没有病态。特别要观察眼睛，眼睛大而明亮，炯炯有神，肯定是健壮的狗狗

4. 日本狮子犬的毛色很重要，应该选白色或黑色的，若毛的颜色和鼻的颜色相配，则尤佳。它的毛质也很重要，应选择毛呈丝状而波浪式，且不卷曲的

5. 狗狗的躯体过长，尾巴不上翘而出现被毛呈波浪式卷毛、斑纹不均匀的，不是良犬

6. 眼睛色淡、口吻太尖细、鼻子太长、闭口时舌头伸出，身体不呈方形的，也不是佳品

7. 有胸部狭窄，上颌或下颌向前伸出，指趾短而圆等这些不符合这种狗狗标准形态的，都不能选购

8. 狗狗的毛色不是黑色也不是白色，鼻子不是黑色的，不符合纯种日本狮子犬的特征，也不应选取

# 马尔济斯犬

- **肩高**：成年雄性肩高21~26厘米，成年雌性比雄性略矮1~2厘米。
- **体重**：一般为2~4千克。
- **头部**：颅顶部略呈圆形，大小适中，较宽广。
- **鼻部**：鼻呈黑色、小巧。由侧面看，鼻尖略翘起。
- **吻部**：唇部披盖长须，上下门齿接触为剪合式。
- **体形**：尾位高，呈拱形，有大量饰毛。前肢短而直，后肢强健丰满，脚垫发达。
- **被毛**：全身被毛，毛长有20多厘米，丝状但不卷曲，富有光泽，毛只有一层，无底毛，背部长毛常向两侧分披，体侧的长毛可拖及地面，后腿后面有羽状饰毛；后腿飞节上披覆着丰富的长毛；尾部也有长而光泽的畅润长毛。马尔济斯犬的被毛为纯白色，但有些犬在耳部有淡褐色或柠檬色的色斑，有色斑的为稍差的品种，纯白色且毛质光滑的最为珍贵。

## 发展历史

马尔济斯犬又名马尔他犬、马尔他岛狸、摩天使、美丽达犬。原产于马尔他岛，是欧洲最古老的玩赏犬之一，被归为丝毛犬类。

对马尔济斯犬的原产地，犬学家们据历史资料认为：在2000～3000年前，马尔他岛的居民就已饲养这种马尔济斯犬了。古希腊和古罗马的女人们也都喜欢豢养这种犬。英国亨利八世时，马尔济斯犬就在英国普遍饲养。

很多出土的古陶器和壁画上都绘有马尔济斯犬的形象，可见此犬的历史已经很悠久了。从古埃及的出土文物中也曾有关于马尔济斯犬的记载，但在古代，它的名称是美丽达犬。

古代的基督教徒们把马尔济斯犬作为幸福的象征。这种狗头上的被毛中杂有柠檬色的斑点，被教徒们加以神化，说这是基督教信徒把葡萄酒洒在狗的头上祝福，这是幸运留下的圣迹。

当时的贵族和宫廷的皇族都喜欢豢养马尔济斯犬，在宴会上除了用黄金制成的盛酒器显示其豪华气派之外，还要在手中抱着华贵的马尔济斯犬，以显示贵族的排场。

19世纪末期，它已成为英国宫廷贵妇们心爱的宠物，并传入美国。不久，美国就让马尔济斯犬参加展出，接着又在美国养犬俱乐部登记，列为正式被承认的犬种。

20世纪初，随着东西方商业活动的开展，马尔济斯犬又先后传入日本、中国和菲律宾等国，如今我国内地以及香港、澳门地区也已普遍饲养了这种犬。由于马尔济斯犬有着一身绢丝般光泽的美丽直毛，很受主人宠爱，饲养的人家也日益增多。

## 生活习性

马尔济斯犬生性活泼、好动，动作灵敏而温柔，对主人很忠诚，对其他人也很温和，由于它很富感情，加上体态轻盈、美观，性情温顺，吠声也很悦耳，所以一直受女性和儿童喜爱，常被人们抱在怀里或放在膝上玩赏逗乐。

马尔济斯犬虽然温柔，但对周围的动静很敏感，警惕性很高，所以除被用作玩赏外，也可作为理想的看家犬。

## 驯养知识

马尔济斯犬的饲料中,每天都需有肉类。较小的狗狗需要180克左右,较大的狗狗需要200~250克。肉类应加少量水煮熟,然后切成小块,再加入等量的素干料,也可以加不含或少含糖的饼干,用水拌调均匀,分成早晚两次喂饲,并给一些新鲜的饮水。

饲养这种狗狗的主人最好是比较空闲的人,因为它需要有较多的时间被照料,例如洗澡、梳理被毛、修剪脚爪、清除污物等,都需要花费一定的时间。

在喂饲食物时,要掌握好分量,若所供给的食物过量,会导致它发胖,变得呆笨而失去活泼、灵活的优点。在生活中,不能让其养成骄气十足的样子,不能任其过分放纵,否则,就会养成对主人的命令不肯听的坏习惯。

马尔济斯犬是比较爱动的,因而每天都应在一定的时间内让它在院内活动,带它上街或到公园散步,这样可以促进它消化和吸收的能力,保持正常的食欲。

马尔济斯犬是全身洁白如雪的美犬,要让它的被毛保持洁白柔顺,就要经常为它进行梳理,由于它浑身都是长毛,所以要做全身梳理。方法是:在梳理前,先喷上护发素或洗毛剂,然后用梳子或软毛刷,由上到下顺次梳刷。只要每天都进行梳刷,就能保持它的被毛光洁柔顺,不结不乱,洁白干净,飘洒美观。

除了做上述的干洗之外,还要替它做定期的湿洗。每次湿洗之后,要先用干毛巾吸尽水分,再用电吹风吹干,边吹边梳理。至于多长时间湿洗一次,这要视季

节和气温而定，原则上天气凉时，间隔可长一些，5~7天；天气热时，间隔要短一些，隔3~5天就要湿洗一次。

对狗狗的脚爪，需要定期修剪，否则会抓伤人的皮肉和损坏人的衣物。

在气温较高的季节，除了要多为狗狗洗澡外，还要多注意狗狗耳部的清洁，在洗湿水澡前，要先清除耳垢，并用消毒脱脂棉湿润后清除耳道和耳周边的污垢，但要注意棉球不可带水，防止有水留在耳内。在每次洗澡前，都要先用棉球将狗狗的耳道塞住，避免有水进入。因为夏天这种狗狗很容易患上耳炎。

平时要经常注意观察狗狗的精神状态，若精神不佳就可能有病。注意狗狗的鼻垫是否有干燥发热现象；大便有无异常现象；食欲是否有所减退，若食欲不好，就很可能患了消化系统的疾病。一旦发现有上述不正常的情况，要及时找出原因，并采取针对性的措施给予治疗。若病情较重，就应及早请兽医诊治。

## 选购技巧与健康指标

1. 在购买之前，要先阅读有关这种狗狗的资料，对这种狗狗的性格特性和外形特征有一定的了解，这样在选购时就有标准逐项审察，若审察对象基本上符合标准和要求，就是理想的品种，若差距过大或有畸形，则不宜购买

2. 看狗狗的体高是否在标准范围之内；体重是否在标准范围之内，过大或过小都不宜购买

3. 察看狗狗的被毛是否长而直，毛质是否像丝一样柔顺、纯白而富有光泽，若毛过短、过粗、杂乱、弯曲或过于稀薄，则属有缺陷的品种

4. 眼睛是否大而圆并且视物有神，眼及眼周是否符合黑色和深棕色的标准。眼及眼周颜色过浅则不宜选购

5. 犬鼻是否光润而黝黑；耳朵是否符合长而紧贴在头的两侧，并有长饰毛的基本特征

6. 头部是否有长毛，唇边是否有较长胡须，门齿是否符合剪刀式咬合的要求

7. 前肢是否合于短而直、后肢短而壮实、指趾圆而多毛且呈黑色、腿部被有大量长毛的要求

8. 躯体是否符合短而匀称结实、背和腰平而直的标准，不可购买身躯长而腰部下弯的劣种

9. 对鼻色过浅、眼缘色红、被毛卷曲的，不宜购买

10. 对眼周有眼屎、肛门周边有污渍、胡乱吠叫、垂头丧气、缺乏食欲、尾毛散乱的狗狗，一般应视为患病的狗狗

# 约克夏犬

- 肩高：一般为20～30厘米。
- 体重：一般为2～3千克，以2～2.5千克的最为玲珑可爱，娇小温顺。
- 头部：头部小，头盖小而平，颅部不凸出略呈圆形，头部有较长的垂毛。
- 鼻部：鼻色黑。
- 吻部：口吻短、嘴尖细。
- 体形：身躯结实端庄，脊背短而平直，胸部深度适中，腰部肌肉丰满，尾根略高于背部，头高昂。整体匀称结实。
- 被毛：约克夏犬的被毛，细润而有光泽，长垂如丝，直至地面。幼犬时期，毛为短黑色或黄褐色，3～4个月后，即逐渐变成浅色。头部及四肢被毛先转为泥土色，后又变成暗蓝色。被毛的不同部位颜色有差异，根部深，中段较浅，尖端更浅。从毛根至毛尖，颜色由深逐渐变浅的特色，更增添了这种犬的美观。

## 发展历史

约克夏犬又名约克郡㹴、约瑟犬、约瑟泰利犬、约克州㹴。它是当今世界上饲养最广泛的超小型犬之一。

约克夏犬因其产于英国东北部的约克郡而得名，是在100年前由人工繁殖成功的新品种。19世纪，英国约克夏地区有不少纺织厂和矿井，从苏格兰到这里来打工的人，为对付厂房和矿井中横行的老鼠，用他们带来的狗与当地的狗杂交，而培育出了约克夏犬。所以这种犬是由曼彻斯特㹴、史凯特利犬、苏格兰㹴、马尔济斯犬、黑棕㹴、丹迪丁蒙㹴等犬杂交而成的后代。

约克夏犬继承了马尔济斯犬的优良毛质，其毛绒长而柔软如丝，光润亮丽。1892年被引入美国，由于受到广大饲养者的普遍喜爱，至20世纪，已遍及全世界。

## 生活习性

约克夏犬性情温顺、性格活泼，动作敏捷而轻快。对主人热情而忠诚，表现极为友好；而对陌生人却不大信任，一见到不认识的人就大声吠叫，所以可作为看门犬使用。

约克夏犬的魅力不只在于它有娇小玲珑的体态和优美的毛色，还在于它那一双最富于感情的眼睛。它的眼睛就像是会说话似的，引人对它产生好感。

约克夏犬适合有充裕时间的主人饲养，它需要每天为它梳刷清理长而美丽的被毛。为了不让它头上的长毛遮住眼睛和吃食时垂进食槽而妨碍进食，饲养者需要捆束住或用带子系住下披在脸面上的长毛。

在冬天寒冷季节，饲养者需经常为它保暖，它虽有较长的被毛，却很不耐寒。在喂饲中，不要给予甜食，例如甜饼干之类，否则会损害它的牙齿。

约克夏犬寿命较长，若注意卫生，饲养得当，寿命可超过十年。

## 驯养知识

在约克夏犬的饲养管理中,首先应保证给予充足的营养性食物。约克夏犬是以肉食为主的,每天需供肉200~250克,加适量含糖少的素食。1岁以上的,每日喂1次,幼犬每日酌情喂2~4次。

约克夏犬的运动量不宜过大,平时在家里地板上来回走动就可以了。若主人需要带着它外出,可找只小提篮,里面垫上泡沫塑料或布块,让它坐在里面。经常骑自行车外出者,也可将它放在自行车前面的铁丝篓内。不过这要从小训练,让它养成习惯。

对约克夏犬的卫生清洁工作很重要,应定期为它洗刷牙齿、眼睛周围、耳朵外及浅表耳道。要每天都为它梳理和干洗被毛。干洗前可撒爽身粉类助洁剂。这不仅能除去毛上的灰尘和污垢,使被毛清爽松润、有光泽,还能促使皮肤血管内的血液循环,细胞的新陈代谢旺盛,让被毛色泽生长得更美观亮丽。

约克夏犬额上的长毛向下垂披,容易把眼睛遮住,主人可把额上的毛分开,在两旁各打一个小结,以免挡住它的视线。对后脚趾下过长的毛,可以剪去一些,免

得结在一起，妨碍行走，但前趾上的毛不可修剪。嘴周边的毛也不能修剪，如果剪去就难以再长出来，从而有碍美观。身体其他部分的长毛，若嫌长得过长，可请专业人员来修剪，不可自己动手乱剪。

对幼小的约克夏犬，不要给它吃零食，更不能给它咬硬的食物，以保护其牙齿。由于约克夏犬爱吠叫，所以在幼犬时，就要训练它养成不乱吠的习惯。还要注意一点，约克夏犬活泼好动，常会突然冲出门外，扑到客人的怀里，要注意不要让它生出抓伤客人的事端。

最后，除在日常饲养中要关注它的清洁卫生和饮食卫生以外，还应留意它的行动是否保持活跃，精神状态有无失常，食欲有无突然减退，大便干稀程度有无异常，鼻垫的干湿程度有无明显改变等，一旦发现其状态不佳，就应及早就医。

### 选购技巧与健康指标

1. 精神状态是否良好，眼睛是否有神而转动灵活；行动是否轻松敏捷；行走时身姿是否平衡、稳健
2. 对观赏者是否表现得亲切和善
3. 外形和体态是否与约克夏犬特征相符，不要被其他品种混淆
4. 被毛是否细润如丝，长及地面；被毛是否直而不曲、不成波纹状；被毛是否丰厚，有打结、互缠现象没有
5. 躯体毛色为暗蓝色、四肢及头部毛色为褐色的较佳，而黑色、铜色、茶色的较次
6. 眼睛及眼眶要黑色或深褐色的，淡者非佳种
7. 背部应平直而不弯曲，门齿咬合平整不歪，耳朵较小而成三角形的为佳品
8. 吠声以清脆、洪亮而不哑者为好
9. 最好是纯种双亲所生的幼犬

# 查理王犬

- 肩高：一般为25~34厘米，雄性一般比雌性高2~4厘米。
- 体重：查理王犬的体重差距很大，最小的只有3千克，而最大的能达到9千克。
- 头部：头部短而阔，两眼之间较平坦而无皱纹。
- 鼻部：鼻头黑色。
- 吻部：嘴宽而深，上唇盖住下唇。
- 体形：前肢较直，前腿中等粗细，后腿健壮，膝关节处略有弯曲。小腿长，脚小，脚垫较厚，趾拱起。
- 被毛：标准型的被毛为黑色或棕色。有一种被称作红宝石犬的，被毛为栗红色，并有与之颜色相近的红色斑纹。有一种被称作王子犬的，被毛有几种颜色：棕色，褐色，白底黑斑纹或棕色斑纹。还有一种被称作布伦亨犬的，被毛为白底夹红色斑纹。

## 发展历史

查理王犬又称骑士犬、骑士查理王犬、查理王猎鹬犬、查理王獚、查理小猎犬、英国骑士狮子犬、格费利亚獚、英国玩具跳狗等。

查理王犬源于英国。17世纪时，西班牙的小型猎鹬犬引进到英国，英国国王查理二世对它特别喜爱，以后就以他的名字命名此犬为查理王犬。查理王犬为长毛玩具犬的后裔。据一些历史资料记载和描述，查理二世当年曾在圣詹姆士公园玩耍过这种犬。

在16~18世纪时，法国、荷兰、意大利等国的王室贵族们也十分喜欢查理王犬。英国玛丽皇后在临死前还在袍中藏着一只查理王犬。

20世纪时，成立了查理王犬俱乐部，20世纪中期，养犬俱乐部正式承认了这个犬种。

欧洲有些犬学家就英国狮子犬和查理王犬外貌相似这一点进行了研究，认为这两种犬有共同的祖先，但仍可分辨出它们之间的区别，最显著的区别在于查理王犬的体型比英国狮子犬大。

## 生活习性

查理王犬性情温顺活泼，嗅觉非常灵敏，可用于狩猎。它聪明伶俐，具有善良而悠闲的高贵气质，也适宜作为玩赏品。它体型小，很可爱，能和家庭中不同年龄的成员和睦相处，与其他宠物也能友善相处，常被主人当做理想的家庭陪伴犬。

查理王犬举止沉着，体态优美而雅致，它具有卷曲而美丽的尾巴，有敏捷轻盈的步态，行走时就像奔跑着的赛马，这是此犬的典型特征。

查理王犬好奇而顽皮的性格，灵活的

身体和布满皱纹的额头，都具有很大魅力，是英国玩赏犬中最温柔、最能讨人喜爱的犬种。

## 驯养知识

在查理王犬的饲料中，每天都要有适量的肉类，根据体型的大小，应喂120～250克，另加同样数量的干素食料或饼干。先将肉煮熟，切碎后加水与干素料或饼干拌和后喂饲。也可将煮熟后切碎的肉类加食用巧克力拌和作为喂食饲料。

饼干最好是无糖的，过甜的食物对牙齿有损坏作用。

除饲料外，每天应喂适量的干净饮用水。对盛饲料和饮水的槽、盆，要经常清洗和消毒。尤其是在夏天，要特别注意饲料的新鲜以及饮水、餐具的清洁卫生，以防止被不洁的食物感染而患病。

查理王犬生性聪明且容易学会做各种动作，平时可多加训练，教会它为主人叼送鞋子和报纸等物。这种狗很爱活动，每天应有意识地给它一定的运动量，特别是主人外出购物或访友，可随时带它出去走动走动。

饲养查理王犬，要保持它被毛的清洁和美观，每天都要用毛刷或梳子为它梳刷

被毛。毛上如有污物和尘土黏附，既破坏美观，又不卫生。

在梳毛的同时，对狗狗五官周围的须和过长的毛，要作适当修剪，对狗狗的牙齿要经常清刷，除去牙垢。隔一段时间，还应为它修剪脚上的趾甲。

在天气炎热的季节，每隔3～5天应给它洗一次澡，有条件的，在洗澡后还应用电吹风为它吹干湿毛，没有这种设备的，则可用干毛巾或干布为它吸去毛上的水分。平时带它外出散步时若遇到阵雨被毛打湿时，回家后也要立即用毛巾为它吸去水分，否则容易感冒或患其他病。

在其他凉爽的季节，应每隔3～4个星期洗一次澡，在为它洗澡时，还可顺便用盐水为它洗眼睛，防止眼病。这种狗适宜在室内饲养，所以犬舍要经常打扫，注意保持清洁卫生。

### 选购技巧与健康指标

1. 先要依照这种狗的外形特征，与被选购的狗进行对照，看是否有较大的不相符处，如基本符合这种狗的特征，可考虑选购
2. 头部略呈圆形；眼大但不突出，呈暗色
3. 鼻较短，鼻尖向上，耳朵长而下垂，有较长的饰毛
4. 躯干短而结实，胸部比较宽阔
5. 被毛较长略呈波浪状，毛的丰厚程度要适中
6. 尾部被人工剪尾后，剩余的部分要有旗状的美丽饰毛
7. 眼睛颜色太浅的为次品，不宜选购上颌、下颌颌骨突出的
8. 耳朵太小，耳部的饰毛过少，则不美观，不宜入选
9. 胸部或其他部分的毛色有白斑的不是佳品，不宜选购
10. 眼睛视物无神，步态沉重，行动不灵敏活泼的非健康犬，也不宜选购

# 布鲁塞尔格里丰犬

- 肩高：一般为22～26厘米。
- 体重：一般为3～5千克。
- 头部：头盖大而圆，头前部呈圆盖状，有点像猫头。
- 鼻部：鼻部短，呈黑色，鼻孔大，略上翘。
- 吻部：口唇不下垂亦为黑色，额较长，下颌前出略向上弯曲。
- 体形：尾根高，常被断去半截，前胸深而宽，肋骨扩张，其脊背较为短胖型。
- 被毛：粗毛型犬的被毛有红色带点褐色的，有红色与黑色之间带点褐色的，面部有黑胡须，颌部以下、肩上、耳缘、脚部、尾下等处有红黑斑纹的，也有全黑色的。短毛型犬的被毛也具有以上各种颜色，只是短毛型犬的被毛短而细。

## 发展历史

布鲁塞尔格里丰犬,又名布鲁塞尔猴脸犬、格里芬犬。

原产于比利时的布鲁塞尔。据资料记载,在15世纪的名画中,就有人怀抱此犬的画面。

另有资料认为,这种狗是17世纪时,由比利时土犬与巴吉度犬、格林风犬、德国短毛土犬、八哥犬以及查理王子猎犬所繁殖出来的新品种。

从脸型看,它很像猴面犬,也像中国的西施犬,因而关于它的起源问题,至今还没有一个确切的定论。

19世纪末,布鲁塞尔格里丰犬被传入美洲,并在美国和加拿大繁衍,目前,世界各地都有这种犬的踪影。

布鲁塞尔格里丰犬现在有两个品种:一种叫做粗毛格里丰犬,它被毛较硬,颌下有胡须;另一种为短毛格里丰犬,不少养犬者认为它是由粗毛格里丰犬和中国哈巴犬杂交而成的犬种。

## 生活习性

布鲁塞尔格里丰犬敏捷、伶俐、机灵、活泼,肯接受训练和管教,又生性勇敢,对主人忠诚、听话。性格开朗,调皮,喜欢嬉闹,在生活上不太娇气,能适应较差的条件,不论在农村还是在城市生活都能适应。有较良好的耐性。

布鲁塞尔格里丰犬,有一项特有的技能,就是善于捕捉小动物,尤其是捕捉老鼠是它的拿手好戏。所以,这种犬既可作为家庭守卫犬,也可作为猎犬或表演犬来饲养,可以说是犬类中的"多面手"。

## 驯养知识

在食物的调配方面,每天应供给肉类150~200克,另加等量的干素料和饼干。肉类要切碎、煮熟,与干素料、水拌和后喂饲。食品必须新鲜,煮制时要注意清洁卫生。

每天要定时喂食，并且要限在15～25分钟内吃完，时间到了要立即将剩余食物收走，以养成其良好的生活习惯。同时要供给清洁的饮用水。所用的餐具要经常清洗消毒，以保证它健康无病。

布鲁塞尔格里丰犬不需要太大的运动量，不必每天都带它出去散步，可偶尔做短距离步行，让它在庭院内走动或作适当的跳跃和小跑即可。

对于粗毛型的布鲁塞尔格里丰犬，需要经常用刷子为它梳理被毛，在进行梳理的过程中，可有意识地将老毛打去一些，这样可以促使新毛的长出。修剪的程序是：先从前躯部分开始，接下来依次是肩部和肘部，然后是修剪头部下颌胡须、耳缘以及眼睛外侧的毛。

对幼犬的整毛，主要是剪去一些耳朵上的长毛，其他边缘上的毛，只要稍作修剪就行。但对躯体和肩部的杂毛，则必须剪去。腿后和指趾部以及尾部过长的毛也要作适当的修剪。

对短毛型的布鲁塞尔格里丰犬的毛，则需经常梳洗或用柔软的布为它擦拭，使其毛皮干净有亮泽。

上述两种类型犬的趾甲，也应定期修剪。

在饲养期间，要经常留意观察它的精神状态，食欲是否正常，大便是否有规律，有无拉稀或便秘等情况，鼻垫的干湿度有没有异常的变化，体温是否正常，发现其出现病症，应尽早及时给予治疗。

### 选购技巧与健康指标

| | |
|---|---|
| 1 | 选购时，要用布鲁塞尔格里丰犬的性格特点和外形特征来严格对照，衡量欲购的狗狗是否符合这些标准，是否有较大的差异与不相符的严重缺点 |
| 2 | 体高不应与标准相差太大，不宜超过27厘米，体重不要超过5千克 |
| 3 | 头要圆。鼻要短而尖，略微上翘。眼应稍为突出，且眼睛及周边眼眶颜色应较深 |
| 4 | 背应稍短而平直，前胸深而宽。前腿应短而直，后腿要求强壮且肌肉丰满 |
| 5 | 耳朵宜较高位，且薄而半直立，若已做过人工断耳，则应能直立 |
| 6 | 鼻应以黑色为佳，若呈红色，或有斑点；被毛上有白色小斑点或将舌伸出，则在外貌美观上有所欠缺 |
| 7 | 短毛型犬，如眼睛不呈黑色或全身被毛全部为黑色的，则算不上是美犬 |
| 8 | 短毛型犬在行走时，要求步态轻快美观，其被毛则要短而整齐，柔顺如丝，光亮润滑，达此标准的为上品 |
| 9 | 粗毛型犬，若颌下有黑色胡须的，则为上品 |
| 10 | 要求体质强壮，不应有寄生虫寄生于体内或带有任何疾病 |
| 11 | 不能选患消化系统疾病的布鲁塞尔格里丰犬 |
| 12 | 应向卖主索要该犬的技术参考资料，如防疫接种证书、血统证书、转让证书等 |

# 西里汉猚

- **肩高**：一般为23～30厘米。
- **体重**：成年雌性体重为6～8千克，成年雄性体重为7～9千克。
- **头部**：头盖骨圆而宽，两颊并不明显凸出。
- **鼻部**：鼻大而色黑。
- **吻部**：口吻长，呈方形，强健有力。
- **体形**：体躯较胖，胸宽而深，背部平直。颈部长而结实，四肢短、直而坚硬，膝关节稍弯曲，尾部尾根位置较高。
- **被毛**：背毛粗长而硬，密集而亮丽，呈铁丝状，但下层毛较细软，呈毛绒状。颊部与颌部有长胡须，四肢有长饰毛。该犬的毛有纯白的，也有在白色中带褐色或柠檬色的，有些头部和耳朵部位有黄褐色斑纹。

## 发展历史

西里汉㹴又名西里汉犬、西里娃木铁里亚、西利哈姆㹴。因原产于英国威尔士西哈佛的西里汉村而得名。

西里汉㹴原是捕鼠能手，是著名的一种狩猎犬，后来逐渐演变成优美的宠物与展示犬。据传这种犬是在19世纪中期，由一个当地的名叫约翰·爱德华的上尉，将丹迪丁蒙㹴与威尔斯柯基犬、法国巴斯克犬、西高地白犬等犬杂育而成。第一个西里汉㹴俱乐部于1908年在西哈佛堡成立。

西哈佛堡西里汉㹴俱乐部经过3年的努力培育，终于获得成功，并得到全英养犬协会的承认；1910年输入美国，成为美国贵族宠爱的高贵犬种。1913年，美国也成立了西里汉㹴俱乐部。

1920年之后，西里汉㹴就风靡世界各国了。

## 生活习性

西里汉㹴性情活泼，精力充沛，机警勇敢，感觉敏锐，既热情又滑稽可爱。

此犬喜爱玩耍嬉戏，善于捕鼠。

它对主人很忠诚，对儿童非常友好。由于其性格善良，因而深得女性、儿童的喜爱，各地饲养者甚多。

## 驯养知识

西里汉㹴由于善于捕猎，所以天生喜欢活动，其活动量大于一般犬种，因而对食物的消耗量也比较大。

每天的食物中，应有肉类280～350克，另加等量的干素料或无糖饼干。肉类要煮熟、切碎，再和熟素料拌和（加少量水）后喂饲。

西里汉㹴很喜欢啃骨头，平时可给几块骨头让它啃食，既可起到娱乐和运动的作用，也有助于其健康成长。

肉类要单独煮，不要和素料混煮，这样可提高饲料的香味，让狗狗有良好的食欲。

每次喂食，要定时定点，以养成良好的进食习惯，若超过规定时间，即应将食盆和剩余食物拿走。

饲料要新鲜和洁净，食盆等餐具要洗净，并每2～3天消毒一次，以防止其染上疾病，尤其是夏天更要注意这一点。

西里汉㹴是一种活泼而好动的犬种，因而每天都要有充足的时间让它自由散步、奔跑或跳跃。

保持身体洁净很重要，原则上应每天为它用硬毛刷梳理皮毛，且要定期为它洗澡，次数可依季节和气温而定，一般冬天可隔1月洗一次，春季、秋季可每隔半个月洗一次，夏季则隔天洗一次，最热时需每天洗一次。

冬、春、秋3季洗完澡后，要及时用电吹风将其被毛吹干，防止受凉感冒。

每隔几天，要为它修剪身体各部位过长的毛，修剪的要求如下：

颈部下面的毛要适当剪短，背部的毛要修剪平整，使背上呈水平状，使其外观具有整齐的美感；颈前的毛要由上而下的剪短；而前胸则应留下长毛，以不拖地为准。

肩上的毛要修得平整而均匀；前肢的毛只需稍微剪去一些即可；脚趾之间的毛应剪去，使其呈圆形；体侧肋骨下部的毛要小心修剪，不宜剪得太多，从体侧看上去，应呈乱毛状为好，这样可以显出胸部扩张的自然美。

大腿部分的乱毛要剪去，而跗关节后面的毛，只需修剪整齐就行；尾巴尖端上的毛要剪得略微前倾，才显其美。尾根的毛要短，臀部的毛宜保留适当的长度，使后躯显得粗肥。

头顶部分的毛要长，眉毛要留长，内、外耳侧的毛要剪去，耳缘的毛需剪齐。鼻梁与眉部过长的毛应剪去，只留下颊须和颌须。咽喉部的毛应该剪短些。

此外，在幼犬的饲养期，必须对它进行必要的训练，使它能养成一些好习惯，避免它养成任性或固执的脾气，要让它养成服从主人和听从主人指挥的习惯、养成爱清洁的卫生习惯、保持被毛清洁的习惯和在规定地点排便的习惯等。

## 选购技巧与健康指标

| | |
|---|---|
| 1 | 选购西里汉㹴最重要的是不能把品种不纯的犬误认为纯种犬，因而必须按照该品种的外形特征和特性，认真进行辨认 |
| 2 | 辨认时，应从狗狗的肩高和体重开始逐项进行考察。这种狗狗的标准肩高为23～30厘米，标准体重为6～8千克，待选狗狗的身高、体重值不能与标准值差距太大 |
| 3 | 头部和口鼻应该较长，身躯较长而腿较短，略呈长方形 |
| 4 | 耳朵要大而宽圆，向前略倾而下垂，贴于面颊两侧；眼睛要大小中等，圆形、色黑 |
| 5 | 牙齿要坚固而较长，呈剪式咬合。鼻较大，鼻尖宜呈黑色 |
| 6 | 颈部应比较长而且结实。尾巴一般被断去一截，尾根较高，尾部向上直立 |
| 7 | 躯体宜短而稍胖，胸深而背部平直，后躯长于前躯，动作轻快、灵活，步态轻盈 |
| 8 | 颊须和颌须都应长而丰满，眼睛要有神，见人不畏缩，且能勇敢而机警 |
| 9 | 体质要求健壮，不能带有任何轻微疾病；肛门周围有"黄渍"或粘有粪便者不能入选 |
| 10 | 毛色应以白色或白色中带有柠檬色的为好，除头部五官黑色之外，其他部分黑色过多的最好不入选 |
| 11 | 眼睛小而色浅，鼻色白、呈樱桃色或有斑点，耳朵直立或耳形不正，口颌不正，这些都不符合西里汉㹴的体形标准 |
| 12 | 头颈粗短而腿长，被毛柔细而卷曲像羊毛，牙齿呈钳式或虎式咬合的，不符西里汉㹴的形体标准 |
| 13 | 选购时要向卖主索要技术资料及血统证书、预防接种记录卡及双方签字的转让证书 |

# 斯开岛㹴

- **肩高**：一般为25厘米左右。
- **体重**：大多为11千克左右。
- **头部**：头较长，前额较宽。
- **鼻部**：鼻端黑色。
- **吻部**：口吻部较细，强壮有力。门齿呈剪式咬合，额段不明显。
- **体形**：体形矮，略细长，体长可达体高两倍。肩部宽阔而结实，骨骼坚固，肌肉丰满，胸深而肋圆，腰肌发达。
- **被毛**：被毛长而直，平坦且坚硬，丰厚又美丽，不卷曲也无波纹。头顶及双眼有饰毛覆盖，耳部及尾部都有较多的饰毛。下层的毛较短，但却稠密而软，很像羊毛。被毛多为浅蓝色和深蓝色，也有乳白色、灰色、棕褐色或黑褐色的。但耳毛几乎都是黑色的。

## 发展历史

斯开岛位于苏格兰西北部,是赫布立地群岛中最大的岛。斯开岛㹴因原产于此而得名。

斯开岛㹴又名斯岛犬,在1860年之前,它的名字叫苏格兰㹴。

据书籍记载,16世纪时,正值西班牙的国力达到鼎盛时代,商业和贸易十分繁荣。当时,有艘装满货物的西班牙商船在苏格兰西北方的赫布立地群岛附近不幸触礁失事,当斯开岛上的居民奋力救起船员的同时,意外地发现并救出了船上古老而迷人的马尔他犬。

后来,这只劫后余生的马尔他犬与当地的㹴交配,遂产生了这种独特的斯开岛㹴。

1864年,在英国曼彻斯特犬展会上这种㹴被命名为斯开岛㹴,而原有的苏格兰㹴的名字即给了另外一个品种的狗。

19世纪末,英国成立了两个斯开岛㹴俱乐部,一个是爱丁堡斯开岛㹴俱乐部,另一个是牛津斯开岛㹴俱乐部。

由于斯开岛㹴姿容优美,常出现在艺术家的画上面,因而增加了这种狗的知名度,受到了广泛的传播与繁育。

斯开岛㹴原来是作为猎狐和猎獾用的狗,由于它毛长而优美,像丝缎般地披挂全身,并且长长地拖在地面,加上双耳长毛悬垂,以及头顶长毛护脸等特异美姿,被英国贵族看中,遂为英国皇宫中的宠物。不久,又受到美国犬迷们的喜爱,在美国大量繁育起来。

## 生活习性

斯开岛㹴生性活泼、聪明、勇敢机警、精力充沛、善良,对主人忠诚而富有感情,对陌生人则存有戒心和警觉性。

斯开岛㹴尽管对陌生人存有戒心,但较稳重而不鲁莽,不会立即冲过去咬人。

人们不仅把它作为家庭的陪伴犬，更常常把它作为表演犬。

## 驯养知识

对斯开岛㹴的饲养，需要每天给予充裕的肉食，一天用量需500～550克。另加等量的干素料或饼干。肉类和素料都应分别先煮熟，不可给予生食。肉类先用中火烧开（先加适量水），再用小火煮15分钟。然后捞出切碎，并与熟干料加适量水混合拌匀后喂饲。

每天应定时定点供食，一般要让它吃15～25分钟，若在规定时间内未能吃完，不能让它再吃，应该把食盆取走，迫使它养成吃食不拖拉的好习惯。

斯开岛㹴需有一定的运动量，要规定时间带它出去散步。

对斯开岛㹴，要从幼时开始给予管教，要训练它服从主人的指挥，养成定点排便的习惯，以及不用爪和牙撕扯家中的衣服、沙发等物件的习惯。

斯开岛㹴的被毛长而丰盛，每天都应为它梳理，用梳子或毛刷从上往下依次地梳刷，除去粘在毛上的尘垢与污物，保持被毛柔顺而不会结成团块，清洁而富有光泽。在进行梳理之前，要先在毛上撒一些护发素或爽身粉。

除梳理被毛外，还应定时为它洗澡，间隔时间可根据不同季节和不同气温而定，天凉时间隔可长些，天热时间隔应短些，炎夏应每天都洗。还要隔几天为它清除一次耳垢、眼屎和牙垢，并定期修剪脚爪。

平时要留心观察狗狗的精神状态、食欲情况、大便形态，并经常用手去触摸它的鼻垫是否有发热或过干等情况，这是主人每天都不可忽视的工作，若发现有不正常的情况，应及时寻找原因，采取适当的治疗措施。

## 选购技巧与健康指标

1. 在选购时，首先要看拟购对象肩高是否符合斯开岛㹴的一般标准，超过标准过多的不宜选购
2. 斯开岛㹴的主要特点，是有很长、很丰盛的被毛。选购时要求毛长而直、坚硬而平滑
3. 耳部与头顶的毛要像羽状披挂，体侧的毛要长达脚端，耳朵的毛要黑色的
4. 头要长，额要宽，吻要窄，鼻要黑，门齿要能作剪状咬合。两眼要栗色且相距较近
5. 犬体要矮，身躯要长，腿较短，尾巴呈旗状，垂而不卷曲，不能高举或高翘，且要布满很长的饰毛
6. 在选购时，要注意眼睛颜色不能浅，毛不能短而卷曲，身躯不能太高，腿不能太长，四肢不能纤细而瘦弱
7. 要注意头不能短而圆，被毛不应柔软卷曲或有波纹，颈部不可瘦而长，脚甲不能是浅色或白色
8. 还要注意口吻不应太粗长，上、下颌不能向前突出，眼睛不应大而前凸，耳朵不能大而尖，毛不能稀疏，鼻色不能浅淡
9. 一定要挑选精神饱满、眼睛有神、行动举止敏捷、步态轻松灵活、身体不带任何疾病的幼犬
10. 出售者需拿出各种证书及技术资料方能选购

# 丹迪丁蒙獚

- **肩高**：一般为20~28厘米。
- **体重**：一般为7~11千克。
- **头部**：大而强壮，两耳间头骨较宽。头盖宽，前部拱圆。头部覆盖着丝状花瓣样柔软饰毛，被毛较淡。
- **鼻部**：鼻为暗黑色。鼻根有约6平方厘米的无毛区。
- **吻部**：两颊向口吻渐渐变狭，口吻深但很坚实，前端秃而大。
- **体形**：躯干部较长，肌肉结实，肋骨富有弹力。胸深且宽，可达肘部，肩背较低，腰微拱，肋圆满，弯曲适度。
- **被毛**：被毛比较特别，从头顶至尾根都生着软硬相混的毛。毛长约6厘米，身体下部被毛的颜色比身体上部的颜色淡而柔软。被毛一般呈胡椒色或深黄色，但腹部的毛较淡。胡椒色的可由蓝色、黑色渐淡至银灰色；深黄色的则可由红褐色渐淡至淡黄色。

## 发展历史

丹迪丁蒙狸又名丹第丁蒙特利犬、丹蒂地曼狸、丹迪丁蒙特狸、多尔丁蒙狸。

丹迪丁蒙狸属英国古老的鲍特狸品种。丹迪丁蒙狸是以沃尔特·斯科特爵士小说中一位牧场主的名字命名的。丹迪丁蒙狸与其他狸类的不同之处，在于它们没有直接的血缘关系。早期就随着吉普赛人四处占卜、卖艺，饱尝跟主人同样的居无定所、颠沛流离、浪迹天涯的酸苦生活。

丹迪丁蒙狸之所以能成为闻名遐迩、人尽皆知的名犬，主要假借于文艺作品。据说在1814年，有位名叫沃尔特·斯科特的作家，写了部《调训小子》的小说，书中生动叙述了主人公丹迪丁蒙和他的爱犬的故事。随着小说的发行，书中的犬也自然名扬天下了。

关于丹迪丁蒙狸这个品种，有记载认为原产于英国，是古老的伯德品种，由坦率忠诚的苏格兰狸和善良有礼的斯开岛狸杂交培育而成的。1845年，法国国王路易·菲力普就养有一对丹迪丁蒙狸。1876年成立了这种犬的俱乐部，以后便相继地传入世界各国。

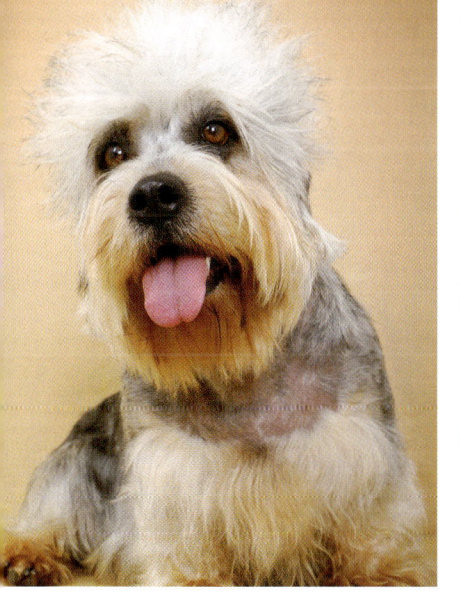

## 生活习性

丹迪丁蒙狸机灵而聪明，勇敢凶悍，但很善良，充满爱心。

丹迪丁蒙狸对主人很忠诚，喜欢与人为伴，对熟人很温柔，对生人却很警觉。

对主人的调教容易接受，可塑性好，而且还擅长捕猎，特别爱捉老鼠。所以，人们不仅把它作为玩赏犬，而且还作为伴侣犬和守卫犬来饲养。

## 驯养知识

丹迪丁蒙狸的体形稍大于小型犬，所以，在饲养中对它的肉类供给，也要适当增加一些，每天需供喂肉类350克左右，另加等量的干燥素料或饼干。两者要煮熟、切碎，加少量净水调和后喂饲。

至于每天究竟该给多少饲料，这应根据个体大小、食欲情况及当时气温高低等适量增减。掌握适当很重要，因为给少了会影响生长，给多了会使它胖，失去可爱的形象。

每天要定时定点喂食，培养良好的进食习惯。因此，应限定在15～25分钟内吃完，若到规定时限还未吃完，就应该把食槽取走。

每天要供给新鲜的饮水2～3次，并经常洗净食具，还要定期对饲养环境进行消毒，以避免感染疾病。

要保证一定的活动量。每天都应带它出去散步，或到公园里去散步，促进消化和新陈代谢，以利健康强壮。

除饮食卫生外，对体毛清洁卫生也不能忽视。每天都要替它梳刷被毛，以保持其体毛的清洁与光润。还应隔几天为它清除一次耳垢、齿垢和眼屎，并用浓度为2%的硼酸水，用消毒棉蘸着为它洗眼睛，以防患角膜炎。还应定期修剪脚爪。

平时不要忘记对爱犬进行调教和训练，使它懂得不用爪子抓沙发和撕衣服，不随地大小便。

在饲养过程中，要经常观察它的精神状态及其行动举止有无不正常的迹象，食欲是否有减退现象，大便是否成型，鼻垫干湿度如何，及其体温是否正常等。一旦发现问题，就应及早治疗，不能拖到病情严重再去看兽医。

## 选购技巧与健康指标

| | |
|---|---|
| 1 | 在选购前，最好能参阅一些有关这种丹迪丁蒙狸的资料，了解它的体形特征和特性以及一般的肩高、体重等情况 |
| 2 | 在选购时，要仔细察看待购的对象是否基本符合该犬种应有的标准。若大体上符合标准，可与卖方讨论价钱 |
| 3 | 体稍长，腿短，耳朵下垂，眼睛宜大而圆，鼻端背上方约有2厘米裸露，鼻端黑色的为优质品种 |
| 4 | 身上被毛有刚毛和柔毛两种毛混生 |
| 5 | 体格健壮，体长而柔软，胸要深，背要稍低而略为弯曲，尾长最好不要超过25厘米 |
| 6 | 肩高最好不超过28厘米；体重最好不要超过11千克，因为过大的丹迪丁蒙狸，难以显出可爱 |
| 7 | 如尾巴扭曲或卷曲、前腿过长、鼻色浅淡、吻端不裸露或裸露不到2厘米的，都属有缺陷 |
| 8 | 耳朵直立、颈部细而且长、躯干部很短、被毛长度在4厘米以下或超过7厘米的，都不符合该犬的标准 |
| 9 | 毛色不是胡椒色或黄色，而是其他各种不常见的颜色，也不合乎丹迪丁蒙狸应有的体色，不宜入选 |
| 10 | 患有消化道疾病或患有呼吸道疾病而未痊愈的，都不宜购买 |
| 11 | 应选购两眼炯炯有神，见人不胆怯，步态轻快自如，行动及反应敏捷的 |
| 12 | 尽可能向卖主索取技术资料及血统证明书等各种证书以及双方签字的转让书，并出具7～14天健康安全期保证书 |

# 波士顿犬

- 肩高：一般为25～40厘米。
- 体重：小型犬体重为7千克以下，中型犬为7～9千克，大型犬为9～11千克。
- 头部：头部略呈方形，头顶平坦，无皱纹和折叠。
- 鼻部：鼻部呈黑色而较宽。
- 吻部：口吻短但较宽。
- 体形：躯干较短，肩部倾斜，胸深而且宽，肋骨适度弯曲，腰背短而肌肉丰腴。腹部上收，臀部稍曲。
- 被毛：被毛短而纤细，薄而平柔。质地好，富有光泽。被毛有深黑色、白色或金黄色。头部、口吻、颈部、前额、胸部及四肢等部位，常有白色斑纹。

## 发展历史

波士顿犬又名波士顿㹴、波士顿㹴狗、绅士狗。

波士顿犬因原产于美国波士顿市而得此名。

被毛有黑色、白色、灰色和虎纹斑等颜色，其胸部及前肢为白色，很像一位穿着礼服的绅士，故又名绅士犬。

波士顿犬由英国斗牛犬、法国斗牛犬与英国㹴杂交而育成。

据相关资料记载：1870年，波士顿犬开始在犬展上露面，当时被称为美国牛头犬。1878年，又有几只波士顿犬出现在波士顿犬展会上。1891年，美国犬学家詹姆斯·沃森将其改名为波士顿犬。此后，这个名称被正式承认，并成立了波士顿犬俱乐部。

直至1933年，才被正式承认波士顿犬这个犬种。1946年以后，在欧洲被广泛饲养。

## 生活习性

波士顿犬十分聪明伶俐、活泼机警、富有活力，是一种令人愉快的玩赏犬和陪伴犬。

波士顿犬对主人十分忠诚，对其他人也和蔼可亲，很愿意亲近人，很喜欢伏在主人的肩部或背上，并用自己的舌头舐主人的脸。

波士顿犬虽然生性爱玩耍，但容易被管教，服从性强，能高度遵守秩序。

波士顿犬十分爱跑爱跳，吠声低而有回声，很少有脱毛现象，表情生动，行动活跃，姿态优美自如，很能讨人欢心，十分适合城市家居者饲养，其大型犬适合作为看家犬；中、小型犬很适合作为玩赏犬和陪伴犬。

## 驯养知识

在每天的饲料中，中、小型犬需供肉食200～250克，大型犬需供肉食

300~350克，并加等量的干素料或饼干。

肉类食物应先煮15~20分钟，切碎后与熟干素料加适量温开水拌和后喂饲。

每天究竟应供多少饲料，可根据犬体的大小适当掌握，以恰到好处为宜。过少了会因营养不够而失去活泼可爱的姿态和形象；过多了会因营养过剩而发胖，从而失去迷人的魅力。

供食应定时定量定点，并限定在15~25分钟内吃毕，过时要将食物和食盆收去，不能任其拖延时间，养成不定时进食的坏习惯。

在每天的早晨或傍晚，要带它出去散步、溜达，但不可让其快步奔跑和剧烈运动，否则，会出现气喘、气急现象。

每天需要用梳子或毛刷为其梳理被毛，以保持其被毛的清洁与光润，并定时为它洗澡，天凉时每隔20~30天洗一次，天热时每隔3~5天就应洗一次澡。头部（额部）、鼻梁部和腹部等处过长的毛，要定期修剪，使短白毛显露出来，让其显得更加美丽，讨人喜欢。每隔10~15天，还要修剪脚爪一次。

若能在洗完澡、吹干水分的毛上，稍微涂一点橄榄油，再用绒毛或丝绸等软料擦拭一会儿，那它的外观就会显得更加亮丽动人。

在饲养过程中，要经常对它进行调教，使它养成讲究卫生的习惯，如定点排便，不用爪抓沙发及衣物等。应每隔几天为犬清除耳垢、齿垢。它的眼睛大，灰尘和异物容易进入眼内而患眼病，故应经常用浓度为2%的硼酸水清洗眼睛和眼眶，以免细菌感染。

由于波士顿犬属短鼻犬，其呼吸道较短，容易中暑，因而夏天中午不能放它出去散步或作其他活动量较大的运动。另外，它的鼻易干裂，在秋、冬季气候干燥时，要经常在鼻子上涂少量甘油、凡士林等油脂，以防鼻端出现干裂。

平时，还应经常注意犬的精神状态有无变化，食欲情况如何，粪便的形态及鼻垫的干湿情况和凉热情况，一旦发现有病，就应及早治疗。

## 选购技巧与健康指标

| | |
|---|---|
| 1 | 按照波士顿犬体形特征及特性，考察拟购对象是否大体符合要求，若差距过大则不应购买 |
| 2 | 对拟购犬要求全身各部分的尺寸比例匀称，外形美观，姿态优雅 |
| 3 | 头部不宜过大，额段明显，头呈方形而无皱褶 |
| 4 | 从额部起，有明显的白条延伸至嘴部而左右分开。鼻尖黝黑，嘴唇大而不下垂。门齿稍前出咬合 |
| 5 | 双耳要竖立，为小而尖的蝙蝠耳形。耳的位置要靠近头顶两侧，并稍外展。耳朵若过大，有损美姿 |
| 6 | 躯体要短而宽，胸部应深而阔，腰要短，腹部应略微向上收缩，后躯和臀部应略微弯曲 |
| 7 | 四肢要强劲，前肢要短而结实，强劲而较直；后肢跗关节低下，脚趾圆而大，色黝黑，行走时步伐轻快 |
| 8 | 尾根部位低，尾部短，尾端细直，如尾向上翘起，则不应过高 |
| 9 | 颈应较粗壮，眼睛应大而圆，目光应既敏锐又温和，眼睛的颜色为暗褐色 |
| 10 | 被毛应短而纤细，并富有光泽，被毛既粗又厚的不宜选 |
| 11 | 毛色可选黑色、金黄色或白色的，也可选有虎斑状的。在额部中间、嘴部、颈部、胸部及四脚有白色的属正常品种 |
| 12 | 全身黑而无白斑，鼻红色或经断尾的，皆非应选的佳品 |
| 13 | 头圆而长、眼小而突出或深陷、色浅淡、口吻尖、牙齿排列不正、颈细而长，胸狭，腰长而向下垂弯，脊背塌陷的，皆不适于选取 |

新手养狗 喂食 洗澡 训练 狗狗乖

# 曼彻斯特㹴

- 肩高：一般为23～25厘米。
- 体重：一般为3.2～5.4千克，少于或超过这个标准的，不得参加犬展或比赛。
- 头部：从额部起呈圆形，额稍平，眼距宽，呈椭圆形，色暗褐，闪闪有亮光。
- 鼻部：鼻端狭窄，黑色。
- 吻部：吻较长。门齿剪状咬合。
- 体形：尾部向上弯曲，竖立时不超过头顶，位高不断尾；前肢直，后肢的跗关节较低；前腿肌肉和骨骼发达、较短。
- 被毛：被毛短而密，有光泽。以双层被毛为佳，外层由直而硬的毛组成，毛长5～6厘米。饰毛较软而长，被毛有褐色和全黑色，两腿处和其他部位有少量褐色毛。

## 发展历史

曼彻斯特㹴又名曼彻斯特玩赏犬、英国玩具㹴、玩具曼彻斯特㹴。

曼彻斯特㹴原产于英国曼彻斯特，犬的名称即由此而来。这种犬，有的人认为是由古黄褐㹴与埃及灰犬交配所繁殖的。有的人认为是挥鞭犬与捕鼠犬杂交而成的后代。持后一种观点的人，其理由是：古时英国的曼彻斯特地区，是著名的捕鼠和逮兔运动的中心城市，当时人们很希望能得到一种既能捕鼠又能逮兔的犬，于是便用上述两种犬进行杂交，培育训练出了能够捕猎的曼彻斯特犬。

曼彻斯特㹴可分为大型与小型两种。在维多利亚王朝时，曼彻斯特镇就是以饲养这种犬而著名的。

现在人们豢养的小型曼彻斯特㹴，是由大型的曼彻斯特犬演化而来的。现在的这种小型犬，能适应普通的家庭生活，也可以作为看家犬用。由于这种犬身体抵抗力很强，不易患病，寿命也比较长，所以很受人们欢迎。

曼彻斯特㹴的血统，可以追溯到英格兰北部的黄褐㹴。黄褐㹴在18世纪末就已有了，当时被称为"捕鼠能手"。黄褐㹴原来体形较大，最大的可达9千克，后来被人们刻意培育向小型化发展，使其体形不断变小，到19世纪中期，它的体重已缩减到了3.5千克。这时，人们已不将它作为捕鼠之用，而将它抱在手上玩赏了。后来又继续将它向小型化培育，使其体重缩减到了0.9千克，直到20世纪中期，曼彻斯特㹴才被承认为一个独立的品种，并规定其标准体重应在2.3～5.5千克之间，不能低于2.3千克。小型曼彻斯特㹴，很受饲养者欢迎。

## 生活习性

曼彻斯特㹴性情温柔可亲，行动敏捷，既不会攻击人，也不会见人羞怯，而是胆大而谨慎，特别对陌生人有警戒心，听到有异常声音就会吠叫。

曼彻斯特㹴嗅觉灵敏，贪玩儿，爱运动，常喜欢在室内来回走动。

对主人很忠诚，对儿童很友善。身体很强健，很少患病，寿命长，一般可活16～17岁。适合普通家庭饲养。

这种犬的唯一缺点是只喜欢一个主人，而不喜欢经常换主人。

## 驯养知识

在每天提供的饲料中，应有肉类或肉类制品200克左右，另加同等数量的熟干素料、无糖的饼干或面粉制品。肉应先煮熟，切成小块后加少许水与干素料调匀后喂饲。喂食要定时定点，并限定在20～30分钟内吃完，到时即将食盆收去，迫使它必须在规定时间积极进食，从而养成其定时定点进食的好习惯。

除饲料外，每天要供给它2～3次清洁的饮水；餐具和食盆等要勤洗和常消毒，尤其是天热的季节，要特别注意其环境及用具的清洁卫生。

曼彻斯特犬较爱活动，每天要有一定时间出去散步，让它在花园或庭院内自由奔跑。

曼彻斯特犬一般身上不会发出异味，可不必过多洗澡，但每天都要用绒布擦拭其被毛，对尾部下面的粗毛以及脚趾上的爪甲，应定期修剪，以保持其长久的美观。还要经常用浓度为2%的硼酸水为它洗眼，以防止患上眼炎。

每隔3～5天要为它清除一次耳垢和牙垢，在天寒季节空气干燥时，要用防裂油膏为犬鼻涂上一点，以防干裂。

在外出散步时，若遇上急雨淋湿犬毛时，回家后应及时用干毛巾为其擦干，以防止患上感冒。寒冷季节，犬舍应设在避风的室内，以防止被冻伤。

## 选购技巧与健康指标

| | |
|---|---|
| 1 | 最重要的应仔细察看拟选对象身体的各个部分，是否符合曼彻斯特㹴的特征 |
| 2 | 要选温顺可亲，行动敏捷，对主人忠诚、顺从且身体强壮的 |
| 3 | 要选头部较狭长，吻长而鼻尖，鼻色黑，身体略呈方形，前胸较深，腰部坚实，稍呈拱形的 |
| 4 | 要选耳根位置较高，耳壳较薄，两耳距离稍近，呈直立状态的 |
| 5 | 眼睛要较小而呈椭圆形，眼色呈暗褐色而有光亮，炯炯有神 |
| 6 | 前肢要较直，后肢的跗关节较低，指趾紧握而脚爪为黑色 |
| 7 | 尾要较短，尖部较细 |
| 8 | 毛要短，但较光滑，毛色为黑色或褐色的 |
| 9 | 选精神饱满，举止灵敏，反应迅速，步态轻快的 |
| 10 | 全身任何部位有超过1厘米以上白斑的即非上品 |
| 11 | 被毛要求长度适中，被毛太长或门齿咬合不正的则非良种 |
| 12 | 尽可能向卖主索要技术资料及有关证书，如防疫接种证书、血统证书、双方签字的转让证书等 |

新手养狗  喂食 洗澡 训练 狗狗乖

# 哈巴犬

- **肩高**：成年犬为26～30厘米。
- **体重**：一般为6～8.5千克。
- **头部**：头部大而且圆，身体滚圆而粗壮，脸部上宽下窄，呈倒梯形（或斧头形），但下巴宽而不尖。
- **鼻部**：鼻子四周，犹如戴了个黑色面罩。
- **吻部**：吻部呈方形，深色，但不向上弯。唇及吻部全为黑褐色。
- **体形**：颈部略成拱形，短而粗壮，背短而平，胸宽。尾粗壮，有绒毛，卷在臀上方。躯干粗而矮胖，前肢稍短。
- **被毛**：被毛短而柔软，光滑细密而富有光泽。被毛有多种不同的颜色，有黑色、蓝色、银灰色和杏黄色。

## 发展历史

哈巴犬又名八哥犬、巴儿狗、哈巴狗、斧头犬、巴哥犬、罗水犬、嘉陵犬、荷兰斧头犬等。

关于哈巴犬的来源说法不一：

一种说法认为此犬源于中国的西藏，是由荷兰的水手和商人从中国把它带到欧洲的。由于它受到荷兰王公贵族的宠爱而一度称之为"荷兰犬"。

另一种说法认为此犬原产于中国，后来传入日本，再由日本传入欧洲而成为各王室的宠物。

还有种说法则认为，在16世纪时，欧洲商人把中国丝绸带到欧洲的同时，也把中国哈巴犬带回了欧洲。当时与中国通商的不仅有葡萄牙人，而且有西班牙人。在17世纪时，荷兰人和英国人也到中国来通商了，他们带回中国商品的同时，也把哈巴犬带回国。俄国彼得大帝时代，商人们又将哈巴犬带到了俄国。后来，意大利人、法国人也把哈巴犬带回到各自的国家，因而整个欧洲到处都能见到哈巴犬了。

## 生活习性

哈巴犬聪明伶俐，和善温顺，容易驯养。喜欢和人亲近，对主人忠心耿耿，可为主人照顾小孩和老人，因此深受人们的喜爱。

哈巴犬好奇心强，反应敏捷，奇妙的脸型、调皮的面貌，能博得人们的欢心。能适应各种不同的环境，平时喜欢安静，不多吠叫，爱嬉戏。

哈巴犬有很强的记忆力，对主人很和善，可对陌生人却很警惕，且很凶猛。能像猎犬一般地追捕老鼠。所以既可作为看家守院的守护犬，又可作为优良的玩赏犬。

## 驯养知识

喂饲哈巴犬的食物,肉类(牛肉、鸡肉、鱼肉)一定要新鲜,鱼要剔去刺,数量可根据犬的体重大小,以180~220克为适度,不可供喂过量,否则就会发胖,失去可爱的形象。

除肉类外,还要喂些蔬菜以及煮熟的豆类、不含糖或少糖的饼干等素食。肉类应先加少量水煮15~20分钟后切碎再喂。肉类所以要煮熟,一是为了增加香味,引发食欲;二是为了杀灭肉中的细菌和寄生虫,以防患病。

哈巴犬是一种较贪食的犬类,所以一定要掌握好供食的量。喂饲时要定时定点,以养成其良好的进食习惯。

哈巴犬活泼好玩,每天必须给予一定的时间活动,达到一定的运动量。但此犬呼吸道特别短,进行剧烈的运动,会因呼吸急促而引起缺氧。所以不宜进行过于剧烈的运动,最好在早晨和傍晚时都带它出去散步。外出时,要为它戴上项圈,以限制其乱跑或作剧烈运动。

由于哈巴犬头上及颈部等处皱褶较多,很容易藏纳污物和细菌,所以饲养时要特别重视清洁卫生工作。平时要多给它洗澡,春秋季节每隔10~15天洗一次,冬天天气寒冷需每隔一个月洗一次澡,夏季天热,每隔2~3天洗一次。要特别注意洗净皱褶缝处,以防患皮肤病或生疥疮。

每次洗澡后,要用软毛刷为它刷毛,并用电吹风替它把毛吹干。在春秋季气压

低、空气湿度大的日子里，它那多皱褶的皮肤容易发炎和滋生真菌，要将它移至通风干燥的环境中去。炎夏时节多汗，还要每天下午用湿毛巾为它擦身，特别要擦去皱褶中的污垢。

哈巴犬因鼻短而扁，容易吸收潮气而湿润，因而滋生细菌引起发炎溃烂，在空气潮湿气候闷热时，要在它的鼻子上涂一些干的硼酸粉，保持它鼻部干燥，不让细菌有滋生的条件。由于鼻道较短，在炎热的夏季气温高时，它就会出现呼吸困难的状态，甚至容易中暑，因此必须注意以下几点：

1. 夏季中午不要带它外出，更不要让它作剧烈的运动。
2. 把它移到较透气和阴凉处去喂养，不可让它在烈日下直晒。
3. 在温度高的中午和午后，若有降温设备，可将它所处的环境适当降温。

在饲养过程中，还要重视眼睛的清洁卫生，由于哈巴犬眼睛大而圆，尘埃容易进入，故隔一段时间要用稀硼酸水为它洗眼，一般每周需洗眼两次。因眼部上方有皱褶，睫毛容易向眼内倒生，遇有这种情况，要细心地将倒生睫毛拔掉。

## 选购技巧与健康指标

1. 购买哈巴犬，最好不要随便购买，应从可靠的品种繁育场购买，从中选购健康状况良好的幼犬
2. 选购时要按照哈巴犬的体型特征加以对照，选出比较符合标准的幼犬购买
3. 哈巴犬的幼犬，要求头大而圆，脸部上大下小像斧头型。面部的皱褶应以多而深的比较好，皱褶浅而少的不是佳品
4. 眼睛要选大而圆且略突出的，眼小的属次品
5. 尽量选"六全黑"，即眼圈黑、额上皱褶黑、嘴黑、鼻黑、耳黑、颊上的"痣"也黑的佳品
6. 面部要选像戴了面罩的佳犬。耳朵要小而薄且较柔软的为好。嘴部要求略带方形，口吻应以短的为好
7. 毛色要选米色、杏棕色、银色或黑色的为好
8. 胸部宽阔、躯体粗壮而短健、肌肉丰满的为好。四肢要直而强壮，腰部不宜过长，指趾黑色的为好
9. 尾巴最好要有双层卷毛，并能卷向臀部上方的
10. 身体瘦弱、四肢长而无力或躯体较长，被毛稀疏的为次品
11. 要向卖主索取技术资料及血统证明书、接种记录证书及签字转让证书等

# 威尔斯柯基犬

- **肩高**：一般为25~30厘米。
- **体重**：一般为9~13千克。
- **头部**：头盖大而扁平，上部较宽而眼以下则逐渐狭窄。
- **鼻部**：鼻端黑色。
- **吻部**：吻部稍尖，牙齿呈剪式或钳式咬合。
- **体形**：胸部深又阔，胸骨凸出，体部长而壮，腰较短，背平直，腹部不上收，身材矮小。
- **被毛**：卡迪刚威尔斯柯基犬的被毛短或中长，毛质硬，被毛多样，但无白色；潘布鲁克威尔斯柯基犬被毛长度适中，被毛有单一的浅红色、灰色、淡黄褐色或黑色，其足部、胸部、颈部有白色斑纹。

## 第三章 常见狗狗品种选购与驯养

### 发展历史

威尔斯柯基犬又名威尔斯牧畜犬，分卡迪刚威尔斯柯基犬和潘布鲁克威尔斯柯基犬两个品种。

威尔斯柯基犬原产于英国的威尔斯地区，其中卡迪刚威尔斯柯基犬是英国犬种中最古老的犬种之一。

威尔斯柯基犬可能跟德国矮脚长耳猎犬有相同的起源，其发展过程可追溯到公元前一千多年的凯尔特人时期。当时的凯尔特人将此犬带到英国，经过多个世纪的改良培育，才成了今天的这个形态。

威尔斯柯基犬1925年首次在犬展会上露面，1934年正式确定标准，并把它分为两个品种。

20世纪时，威尔斯柯基犬已闻名于世，当时乔治六世把一对潘布鲁克柯基犬送给他的女儿伊丽莎白（即后来的伊丽莎白二世女王）。从那时起，这种犬就进入了王宫，常同女王在一起，甚至伴女王外出旅行，从而使这种犬身价百倍，受到很多养犬者的宠爱和欢迎。

### 生活习性

威尔斯柯基犬聪明伶俐，精神饱满，机灵勇敢，警觉性高，稳重而活泼。对主人忠诚温顺，易于训练；对外人不羞怯，不凶恶，脾气较好。

## 驯养知识

在每天的饲料中,应含肉类200~250克以及等量的素食。素食可选用各种杂粮、蔬菜等。要定期更换品种,以保证摄食的营养全面。

每天喂饲食物的量要适度,过多过少都不利健康成长。

此犬的被毛虽然稍粗却不长,但也应经常为它梳刷清理,以保持其清洁美观。还应定期为它洗澡、清除耳垢、牙垢,用温水(煮沸后凉凉的水)洗眼,修剪脚爪等。卡迪刚威尔斯柯基犬很容易患眼疾,所以应每隔3~5天,用浓度为2%的硼酸水为它洗眼,以防止眼疾发生。

犬舍要选择通风、干净和干燥的地方,并每隔半月或一月作一次消毒处理。

由于此犬早期为畜牧犬,生性活泼好动,所以不能经常关在室内,而应给予适当的时间让它在户外活动,以保持其健康活跃的特性。

潘布鲁克柯基犬好与同类相斗。所以必须从幼犬时期开始,对它进行训练和调教,使它改掉这种恶习,和其他犬融洽相处。

同时也要训练它不用牙和爪撕咬家中衣服、窗帘、沙发、床单、被子等物件,

以及训练它爱清洁卫生，不让污垢沾在身上，不在有污泥的地上坐卧，特别要让它在规定的地方大小便。

平时，要经常注意观察该犬有无精神不佳、食欲减退、大便不成形、鼻垫干燥或发热等不正常现象发生，一旦发现有问题，就应尽早治疗，以免由小病转成大病。

## 选购技巧与健康指标

1. 在选购之前，要先参阅一些有关介绍这种犬的资料或到养有威尔斯柯基犬的人家去现场察看，在有丰富感性认识的基础上，梳理出几条区别优劣的标准，作为挑选时的依据。这样挑选出来的品种，各个部分大致能符合标准

2. 挑选的第一步是看被选幼犬的肩高和体重是否基本符合标准

3. 威尔斯柯基犬头部形状和外貌酷似狐狸，头盖大而平坦但不是很圆，口吻较尖，尖端较细，额段不突出，鼻端黑色。牙齿剪式或钳式咬合

4. 耳朵直立、较大，颈部短而粗，肌肉相当发达

5. 身材较为矮小，胸深而阔，胸骨突出，体长而壮，肋部稍曲，背部应较平直，腹部不宜上收

6. 前肢短而直，后肢肌肉发达结实，四肢矮短，骨骼粗壮。脚椭圆形，飞节短，脚垫强健，爪短

7. 卡迪刚柯基犬身躯相对较长，腿较短，奔跑快。耳尖较圆，尾巴较长，似狐狸尾。被毛有质地硬的短毛与中长毛两种。胸骨突出，背部平直；潘布鲁克柯基犬体型较高，体躯较短，前肢较直，骨骼较细小，有华丽的被毛，毛长中等，耳朵前呈尖形，尾巴较短，甚至无尾

8. 卡迪刚柯基犬毛色多样，但无白色毛；潘布鲁克柯基犬毛色有单一的浅红色、灰色、淡黄褐色或黑色，其足部、胸部、颈部都有白色斑纹

9. 此犬步态较平稳，活泼而轻快自如，显出悠然自得的样子

10. 若两侧隐睾，耳大下垂，前、后皆细长而瘦削，则不符合威尔斯柯基犬应有的外形特征，不应入选

11. 应选动作敏捷，精力充沛，躯体健壮、灵活，体态小巧、可爱，站立时姿态优雅之犬

12. 应向卖主索要该犬的血统证书、双方签字的转让证书等各项证书

新手养狗 喂食 洗澡 训练 狗狗乖

# 秋田犬

🐾🐾🐾🐾🐾🐾🐾🐾🐾🐾

- **肩高**：雄性为64~71厘米，雌性为55~65厘米。
- **体重**：雄性为45千克左右，雌性为38千克左右。
- **头部**：头盖骨宽大，额段明显，放松时无皱褶，但有明显的额沟。
- **鼻部**：鼻直而短，鼻头大而呈黑色。
- **吻部**：唇部不下垂，为黑色。
- **体形**：颈粗，较短，肌肉发达。胸部宽而深，肋骨扩张，腰部肌肉结实而适度收缩。
- **被毛**：被毛双层，内层绒毛如绵羊毛，厚而细密，较短，外层毛较粗硬。头部、腿部、耳部毛短，肩峰和臀部毛长达5厘米左右，尾毛既长又多。被毛有白底黑纹、黄纹或杂色斑纹，但多数颈下、腹下、臀后、脚下部有白色底毛。被毛鲜艳、清晰且斑记匀称。

Keep a dog

## 发展历史

秋田犬原产于日本本州岛的秋田县。

17世纪时,日本大馆城主左竹侯曾以举办斗犬赛会,来激发武士们的士气。现在的秋田犬,就是以当时体形中等的秋田斗犬为亲本,与体形更大、力量更强的犬种交配繁衍产生的后代。

日本明治时期打开国门以后,秋田犬又与引进的大型洋犬再次杂交,形成了现在这种中等体形的秋田犬。

1931年,秋田犬被正式认定为日本国家级的珍贵动物。

1972年11月1日,秋田犬得到美国养犬俱乐部的承认。

秋田犬是由斗犬演化而来,曾作为猎犬随主人猎取过野猪、小熊等动物,现在普遍用作看家犬、守卫犬和伴侣犬。

## 生活习性

秋田犬性情活泼、聪明伶俐、勇敢、机警、反应灵敏;对主人忠诚顺从、温顺,但有时易冲动,细心而富于感情,理解力很强。对生人有时警惕性很高,有时又无动于衷。对其他犬类有进攻性。

它有较强的抗寒能力,不计较饲料粗细,粗饲料也能适应。

由于这种犬双足有蹼,善于游泳,在水中捕获猎物是它的一个特长。

秋田犬在日本为理想的守护犬、看家犬和猎兽犬,而在欧洲和美国,多数将它用作伴侣犬。

## 驯养知识

秋田犬个体不小,属中型犬类,因能够狩猎,平时活动量大,所以食物中需有较充足的营养。在日常饲料中,每天应供肉类500克左右,再加等量的素饲料如麦片、饼干等。

肉类应先煮熟，再切成小块，与熟的素饲料混合后供饲。肉类要新鲜，制作过程应清洁卫生，不可将上顿未吃完的食物当做下顿食物继续喂食。食槽等餐具要经常清洗。

秋田犬原是狩猎用犬，有一定的野性，不可经常关在室内，必须让它出去散步、奔跑、跳跃等。该犬易得丝虫病，犬舍在室外的饲养者，要注重犬舍的环境卫生，不让它养成随地坐卧的坏习惯。

此犬从幼犬期开始，就要让它多与外面的犬和外面的人接触，让它养成对人友好、宽容的好习惯。若一直封闭饲养，会形成对人过多戒备，甚至以敌对态度待人的坏习性。

秋田犬的被毛稠密而美观，每天或隔日要为它梳理被毛，特别在活动回家之后，要及时清除沾在毛上的污垢和灰尘。还应定时为它洗澡，春秋两季可每隔2～3星期洗一次，夏天每隔3～5天洗一次，天凉时，洗澡后要立即用干布或干毛巾擦干身上的水分，防止受凉感冒。

每隔5～7天，要为它清除耳垢、牙垢和眼屎，脚爪也要定期修剪。

秋田犬随着季节变化，为适应气候条件会更换被毛，换毛期间要增加梳理次数，以促进血液的流通，加快被毛顺利代谢。

秋田犬平时应戴上项圈和拴上牵绳，外出时要由主人牵住，以防野性发作，对人和其他动物发起攻击。平时要经常训练它养成听从主人命令和指唤的习惯。特别要能听懂主人喝止不许它侵犯人和其他动物的命令，防止它闯下祸端。

平时还应注意训练它养成爱清洁卫生的习惯，特别要养成定点排便的习惯，不许它随处便溺、破坏环境卫生。

在饲养过程中，要时刻注意它的行为举止，留心是否有精神状态异常、食欲减退、大便变形、鼻垫过干或发热等患病迹象，一旦发现状态失常，患上疾病，就应及时采取治疗措施。

## 选购技巧与健康指标

1. 初次饲养者，在选购前，最好到养有这种狗的人家去参观学习，了解这种狗的外形和习性，做到选购时心中有数

2. 如果条件允许，还应找点有关这种狗的介绍资料，加以仔细研究，进一步了解这种狗的外形和身体各部分的特征，避免选购时出现失误

3. 在挑选时，首先应注意肩高和体重的标准，太大或过小，都可能不是纯种。幼犬由于月龄不足，身体尚未发育完全，个体稍小于标准的也可考虑

4. 秋田犬的头骨较大，为上宽下窄的倒三角形。若头太小，或成方形脸，则不符合此犬的外形标准，不宜选购

5. 秋田犬的耳朵为直立的三角形耳，耳尖朝上而耳窝朝前。若耳朵过大或下垂不符合此犬应具有的外形特征，不宜入选

6. 此犬的眼睛较小，略呈三角形，眼睛和眼边都为黑色。若眼睛圆而大，色浅，则不合此犬外形标准要求

7. 鼻子较宽大，鼻尖较大，呈黑色。若鼻部细长而尖小，鼻色过浅，也与秋田犬标准不符，不宜入选

8. 颈部较粗而短，肌肉丰满发达，躯干长度超过肩高，胸部宽而厚，胸廓发达，肋骨扩张，与上述标准相反者，则不是秋田犬

9. 尾位较高，尾巴则大而丰满，卷曲在背上或贴于肋部，尾毛粗，直而丰盛，若尾巴上竖，直而少毛或像佩刀形下垂，不符该犬应有的形态特征，不可入选

10. 被毛应为双层毛，上层毛稍长而略粗，下层绒毛毛层厚而细密。头部、腿部、耳部的毛较短，臀部和肩部的毛较长，尾部的毛则更长。若各部分毛的长度与此相反，则不像是秋田犬，不能选购

11. 毛色有白色、虎纹色或杂色斑纹，而以白底带棕黄色斑块的最多，若毛色差异过大，也不像秋田犬

12. 要向卖主索要该犬的血统证书、双方签字的转让证书等各种证书

# 松狮犬

- **肩高**：一般为43～51厘米。
- **体重**：一般为20千克左右。
- **头部**：头大而宽平。
- **鼻部**：鼻大而宽，黑色，鼻孔张开。
- **吻部**：吻部较短而宽阔，闭嘴时，上唇完全盖住下唇。
- **体形**：颈部粗壮而丰满，毛发茂密。从背峰到尾根平，躯干短而紧凑，背短直而结实。
- **被毛**：被毛丰厚，密直而长，色泽亮丽，蓬松柔软，毛质松细如棉。头部、颈部被毛长而蓬松，形似狮子，故有松狮犬之称。毛一般为单色，有黑色、黄褐色、蓝色、白色、红色、银灰色、米色等，但不应有杂色斑纹。

Keep a dog

## 发展历史

松狮犬又名熊狮犬、巧巧犬、中国食犬、汪汪狗、翘翘犬、三斑犬等。

松狮犬原产于中国，是一个古老的东方犬种，在中国历史上，与西藏獒犬、拉萨犬都是喇嘛尊崇的神圣动物。早在2 000多年前的汉朝，许多浮雕上就有它的形象。

在汉朝时，松狮犬主要作为猎犬使用，据资料记载，唐朝皇帝就拥有2 500对松狮犬和10 000多名猎人的庞大打猎团队。

1880年，英国驻北京使馆带回一对松狮犬，并赠给维多利亚女王和爱德华七世，深受他们的宠爱。

1894年，英国养犬俱乐部正式承认这一品种。从这以后，松狮犬就在伴侣犬中广泛传播繁衍起来，极受养犬爱好者的欢迎。

## 生活习性

松狮犬生性聪明、机警、敏捷、英勇、威悍、庄严，冷静而高傲，颇具贵族气派。

此犬警戒心特强，有时比较冷漠。

愁眉苦脸的表情和像踩高跷似的步态，是它特有的品种特征。

松狮犬对主人极富感情，忠诚，容易驯服。

有人把松狮犬描写为"集英俊、美丽、贵族气质于一体"，足能表明松狮犬的部分特性。

松狮犬最早是被用作狩猎犬、护卫犬和拖曳犬多种功能的万能犬，如今人们大多把它作为伴侣犬。

## 驯养知识

在每天的饲料中，应有300克左右的肉类和等量的麦片、饼干等素料。肉应煮熟、切碎，与熟干素料加少量水调和后喂饲。肉类要求新鲜，制作环节要注意清洁卫生。每天供给干净的饮用水1~2次。

食料一定要适量，过量会使松狮犬发胖，失去活泼可爱的形象。

松狮犬被毛较长而蓬松，平时要保持干净美丽，必须每天为它梳理一次，清除沾染的污垢和灰尘。梳理后要用干而软的布或毛巾为它擦拭，使其清洁亮丽。

每隔5~7天要为它清除一次耳垢和眼屎，并用温开水为其洗眼，防止眼部发炎，还应隔几天修剪一次脚爪。

每天要让它有机会出去散步1~2次，使它有一定的活动量，以促进血液循环。

从幼犬时期起，就应经常给予调教，使它懂得不能用爪或牙齿撕咬家中门帘、窗帘、沙发和衣服等物。特别要让它懂得清洁卫生，到规定的地点去大小便。

松狮犬有一定的自尊心，调教时必须耐心引导，切不可粗暴对待。

松狮犬一般只服从主人一个人的指令和调教，家中的其他人，只有平时很友善地和它多接触，和它交流感情，才能和它融洽相处，让它听从指挥和命令。

犬舍要选择比较清洁、干燥和背风的地方，经常注意打扫，不让污垢弄脏被毛，特别是天气暖和的季节，隔一段时间对犬舍做一次消毒工作。

平时要注意它的精神状态是否正常，食欲有没有减退，鼻垫是干燥还是湿润，体温是否正常，大便是否正常等情况，发现有不正常或患病迹象，应立即采取治疗措施。

## 选购技巧与健康指标

| | |
|---|---|
| 1 | 头部要比较宽平，而头部狭长呈楔形、斧形或三角形的，一般为混血种，不能入选 |
| 2 | 舌应为蓝色，舌为红色、粉红色或有红色斑点，皆系混种，不能购入 |
| 3 | 要选耳朵小而呈三角形，并微向前倾的直立耳，耳距较宽，不可选那种耳大而向下披垂的 |
| 4 | 鼻子较大而宽，鼻孔张开。眼睛略有斜位，杏形，眼和眼周围以及鼻端都应呈深褐色或黑色 |
| 5 | 吻部较宽，闭嘴时，上唇盖住下唇。齿龈及嘴唇都应为黑色。牙齿应平整且为剪状咬合 |
| 6 | 颈部应强壮而丰满，躯干、背部和臀部、四肢，都应较短。胸部宽而深，腰部肌肉发达 |
| 7 | 四肢应短而强劲，站立姿势良好。前肢直，骨骼粗壮，后肢骨骼壮实且肌肉丰满，趾猫型，脚垫较厚 |
| 8 | 尾根位较高，尾巴向上卷到背上，尾部有长而蓬松的饰毛，外观优美大方 |
| 9 | 全身被毛丰厚，密直而长，色泽亮丽，质松如棉，蓬松柔软。尤其是头颈部位的被毛蓬松如狮子颈部的鬃毛 |
| 10 | 毛色为单色，可以是黑色、白色、米色、红色、蓝紫色、黄褐色、银灰色，但不能有斑纹和杂色 |
| 11 | 应向卖主索取血统证书、预防注射证书、双方签字的转让证书及7~14天健康安全保证书等 |

# 中国沙皮犬

- 肩高：一般为35~45厘米。
- 体重：一般为15~20千克，也有超过20千克的。
- 头部：头肥大，昂起，笨拙，有些像河马。
- 鼻部：鼻大而宽，鼻端及嘴唇为黑色。
- 吻部：嘴长大，唇肥厚，呈圆筒形。
- 体形：胸深而宽，背、臀平直，腹不收缩，躯体呈圆筒形。腰短颈粗。
- 被毛：被毛粗糙，只有刚毛没有绒毛，毛短而粗硬，不易倒伏，就像细钢丝刷子。被毛有黄褐色、浅黄色、奶油色、黑色、灰色、红色和银灰色等颜色。

## 发展历史

中国沙皮犬又名大沥犬、打斗犬、皱皮狗。是一个古老而独特的犬种。它原产于我国广东省大沥镇,固而得名大沥犬。又因此犬的被毛短而且硬,有些像沙皮纸,所以被称为中国沙皮犬。此犬的历史相当悠久,据传在2000多年前的汉代,就已经有人饲养了。出现在当时绘画上的中国沙皮犬,外形和现在的中国沙皮犬相似,只是体形比现在大得多。据考证,它的祖先可能含有松狮犬和巴哥犬的血统。

据说英国人在200多年前,从广州购得中国沙皮犬带回欧洲豢养。后来,美国人莫里斯又从

我国广东购了一批中国沙皮犬,从此在美国掀起了一阵饲养中国沙皮犬的热潮,不久又成立了中国沙皮犬俱乐部,使这种犬遍及美国的各个州,繁育达数万只之多。因而英美等国养犬者都认为,中国沙皮犬是由中国传入的。

可惜的是,我国早年不重视养犬,在中国沙皮犬的故乡,现在也很难找到纯种的中国沙皮犬了。

## 生活习性

中国沙皮犬从外表看,它似乎显得神情忧郁,充满哀怨和凝重,其实它的性格是非常开朗、活泼、聪明而机灵的。尽管它的外貌给人以比较凶猛而丑陋的感觉,但实际上对主人非常忠诚,对主人的家人也很温顺,很容易调教,并且很服从主人的命令和指挥。

中国沙皮犬的性格,还有英勇、善斗的特性,警觉性很高,很适合狩猎用和看家用。

由于它的长相凶猛、丑陋而滑稽,加上有几分顽皮,反而深受人们的喜爱,许

多人都把它作玩赏犬来饲养。又由于它具有奇特的相貌和独特的个性,且具有守卫的才能,因而成为世人钟爱的时髦伴侣犬。

## 驯养知识

中国沙皮犬的躯体比一般小型犬大,加上它的活动量较大,所以在饲料的配制上,肉类要多一些,每天不得少于500克,并加等量熟的干素料。肉要先煮熟、切碎,加少量的水,与干素料拌和后喂饲。饲料必须新鲜和清洁,餐具要经常清洗、定期消毒。每天要定时定点喂饲,并限定它在15~25分钟内吃完,过时即将食具收去,让其养成良好的饮食习惯。每天上午和下午,要换一次新鲜的饮用水。

中国沙皮犬原是一种狩猎和打斗犬,平时很爱活动,所以每天要给它充足的时间进行散步和奔跑等活动。但要注意,活动不能过度,因为它的鼻道较短,剧烈运动容易缺氧。

中国沙皮犬与众不同的地方,就是它皮肤皱褶多,容易积聚尘埃等污垢,因此要特别重视它的清洁卫生,否则,容易患疥癣和其他皮肤病。在春秋两季,每

隔7~10天给它洗一次澡，夏季炎热天，应隔一天就给它洗一次澡。

在空气潮湿的梅雨季节，最好要把它移到清洁干燥的环境中去饲养。每次洗完澡后，要立即用干毛巾为它把皮肤擦干。夏天，每天都用湿毛巾为它擦身。每隔1~3星期，要为它修剪脚爪。

此外，每隔一星期左右，要为它清除一次耳垢和牙垢，并用稀硼酸水为它洗眼，以防发生角膜炎。

从幼犬时起，就要训练它讲究卫生的习惯，到规定的地点排便。

还有一点需要注意：中国沙皮犬免疫功能较差，容易患眼睑内翻症和佝偻病，平时要特别注意防止这两种疾病的发生。

## 选购技巧与健康指标

1. 肩高和体重应符合标准，过高、过矮、过轻、过重的都不应列选
2. 头部要较方且大，有些像河马头的形状
3. 吻部要较肥厚，呈圆筒状。舌部要呈浅蓝色，面部有较多皱纹
4. 耳朵要较小而薄，略向下垂，并向前覆盖耳孔。耳缘较曲，耳尖稍圆，并指向双眼。耳距较宽，有运动能力
5. 眼睛一般呈三角形，较小。若呈杏形而深陷于眼窝内，一般为深色。体色较浅的，眼的颜色也可较浅
6. 颈部一般较粗，胸应深宽，背平直，腹不收藏，体躯呈圆筒形
7. 鼻宜大而宽，呈黑色。若体色较浅，鼻色也允许相应较浅，与其体色相协调
8. 尾根位置较低，根粗而端细，似辣椒形状，平时保持下垂状态，兴奋时即上翘，时而卷曲于背的一侧
9. 四肢粗壮而有力，但骨骼稍纤细，肌肉发达，后侧有长毛，前肢直立，间距较宽，指趾分开，似虎趾状
10. 皮肤不同于一般犬种，其头及肩部的皮肤皱褶多于后体，厚而松弛，富于弹性。幼犬皱褶尤多，随着年龄的增长而逐渐减少，成年以后，仅头部、面部以及前躯仍保持较多皱褶，后体逐渐平满
11. 毛应短而粗硬，不倒伏。以颈部和胸部饰毛丰满的为正常
12. 毛色允许多样，可有单色和花斑，只要看上去顺眼协调即可

# 法国斗牛犬

- 肩高：一般为30～38厘米。
- 体重：一般为6～12千克。
- 头部：略呈方形，头盖部位平坦，额段明显。眼圆而大，眼色暗。
- 鼻部：鼻子短而宽，鼻孔大，鼻尖为黑色。
- 吻部：口吻宽深，颊部肌肉发达。嘴唇松软，宽厚稍尖，色黑，闭嘴时不露牙。
- 体形：颈部短而厚实，略拱起，喉部皮肤松弛，但不下垂。
- 被毛：被毛平滑而短俏，柔软而有光泽。被毛有略呈红色的虎斑、淡黄色或褐色以及有白底色的斑纹。肤柔软、松弛，头、肩处有皱褶。步态比较独特，既灵活，又柔和轻快。

## 发展历史

法国斗牛犬曾是斗牛犬中最强健的品种之一。后来，因法规禁止斗牛活动，它就成了一种流行的伴侣犬，受到女士们的欢迎以及宠爱。

法国斗牛犬原产于法国，其祖先可能是英国斗牛犬。

1860年左右，巴黎出现了一种小型斗牛犬，这可能就是最早的法国斗牛犬。到了1871年，这种犬在法国已经相当多了。

1889年，法国斗牛犬首次展出，很快受到了人们的重视和喜爱。法国的爱德华七世就曾饲养过这种犬。

1913年，法国斗牛犬普遍饲养，达到了鼎盛时期。

## 生活习性

法国斗牛犬聪明、活泼、勇敢、机警、沉着、好动而富幽默感。对人亲切、敦厚、富有感情，性情温和易驯服，容忍性强。善于捕猎鼠。猎鼠时劲头十足，凶狠残忍。对生活并不苛求，可适应各种环境的生活，有个小居室就能满足。由于它对人和善可亲，饲养者把它作为忠诚的朋友和贴心的伴侣。

法国斗牛犬曾主要用作斗犬，后来人们觉得它看家十分忠于职守，警惕性很高，就大多作为看家犬饲养。也有不少人看它小巧、活泼、可爱，就把它作玩赏犬和伴侣犬饲养。

## 驯养知识

法国斗牛犬个体较小，在饲养中一定要控制食量。在每天的饲料中，只需含肉类200克，再加等量的蔬菜、粮食即可。肉类应先煮熟、切块，与熟素食拌和后喂饲。

每天除供食物外，还应供1~2次清洁的饮水。

法国斗牛犬由于曾是一种斗犬，很喜欢活动，所以不宜整天关在室内，应每天让它在室外自由奔跑、跳跃1~2小时，若能每天早晚带它出去散步，则最为适宜。

由于此犬被毛不长，所以不需要每天进行梳理，天气暖时可隔一天梳理一次，天气凉时可隔2~3天梳理一次。隔一个星期左右，要为它清除耳垢、牙垢和清洗眼睛，修剪脚爪。

听觉特别灵敏，周围有人打鼾或喘息，它也能听清，所以应为它选择比较僻静的地方所作为犬舍。此犬十分怕热，环境气温较高时，它就会感到呼吸困难，所以在夏天气温高至37℃时，就要尽可能为它降温。犬舍应搬到比较通风的地方。

尽管法国斗牛犬的性情比较温顺听话，但仍不能忽视对它的调教和训练，如爱护物件、不撕咬家中布质或纸质的物品，训练它爱清洁、讲卫生，特别是应训练它在规定的地方大小便等。

法国斗牛犬还喜欢得到主人的爱抚和表扬，所以除了调教之外，还应经常给予爱抚，爱抚越多，它越温顺听话。

法国斗牛犬脸部、颈部的皱褶缝间容易积垢发炎，除经常要为它抹除污垢外，还应为它在皱纹处涂些润滑油或凡士林，以防发炎疼痛。

法国斗牛犬的脸部较阔而面部较短，鼻道也较短，因此，既要让它有足够的时间活动，又不能让它作过分激烈的运动，否则，会导致它呼吸困难。

## 选购技巧与健康指标

| | |
|---|---|
| 1 | 在挑选购买之前，一方面可参阅一些有关介绍这种犬的资料，一方面可到养有此犬的人家现场察看，对这种犬身体各个部位的特征有所了解，这样挑选时就能做到八九不离十 |
| 2 | 法国斗牛犬的头部较大而呈正方形，头盖在两耳间的部位比较平坦，两眼间有凹陷 |
| 3 | 口吻应较宽深，嘴唇应较松软、宽厚。面额上肌肉发达，下颊较深，四方形，较宽而稍翘。鼻部也较宽。唇鼻皆应为黑色 |
| 4 | 眼睛应在头盖之下，既大又圆，离耳朵较远，不突出，为暗色；耳朵基部应很宽大，耳末应圆而直立，耳根位置应较高，耳毛要精细而柔软 |
| 5 | 颈应较短而略带拱形，颈下及喉部的皮肤应比较松弛，但皮肉并不下垂 |
| 6 | 身材应短圆，骨骼粗壮，肌肉较发达，胸部较宽深，肋部饱满而上收，肩背宽短，腰较窄，臀弯曲而腹发达 |
| 7 | 前肢应直而短，后肢应较强壮，长于前肢，脚部大小适中，趾和爪都较短。尾巴经短截，基部粗，下垂 |
| 8 | 被毛短细而平滑，柔软而有光泽，毛色为略呈红色的虎斑色、淡黄色或褐色，以及有白底色的斑纹 |
| 9 | 若耳朵不是蝙蝠形，鼻色过浅，体重超过标准太多，皆为劣品，不宜选购 |
| 10 | 若头较小而狭长，下颌瘦尖少肌肉，两眼突出，眼睛为灰黄等浅色，皆不符该品种特征 |
| 11 | 若尾巴细长而上翘，颈部瘦长而光滑平坦；四肢细长少肉，总体身材瘦长，皆与本品种的标准差距很大，不能选购 |
| 12 | 挑选时，特别要选身体结实健壮，站立时立姿有神，行走时步伐灵活，协调而轻松的 |

# 比格犬

- 肩高：一般为30~40厘米。
- 体重：一般为8~14千克。
- 头部：头宽而不大，头盖似圆盖形。
- 鼻部：鼻孔宽阔而嗅觉灵敏，鼻端为黑色。
- 吻部：吻较短而有力。
- 体形：颈部较长，躯体结实强健，胸深宽，肋骨适度伸张，背略向尾部倾斜，肌肉丰满。
- 被毛：被毛分平滑细密的和毛质粗硬的两种。被毛有黑黄色、蓝黄色、白色、茶色或三色交错的杂色。

## 发展历史

比格犬又名毕高犬、米格鲁犬、比高犬、比格猎犬、米格鲁猎兔犬、英国猎兔犬、小型猎兔犬等名称。

该犬的体形小巧精干，在英国猎犬家族中是最小的，它原产于英国，是一个很古老的犬种，早在15~16世纪就已受到英国上流社会的喜爱。

到了伊丽莎白时代，女王在她众多的稀世名犬中，对本土产的比格犬特别宠爱，这大大提高了该犬的身价，其发展也达到鼎盛。

比格犬原来在英国还有刚毛的品种，在克里郡和爱尔兰，有克里比格犬和伊丽莎白比格犬等品种。

1885年，美国养犬俱乐部开始登记承认了比格犬。如今，在世界各国都可见到这种犬的踪影。我国从1982年开始引进。

## 生活习性

比格犬活泼、机警、稳重、乐观，动作迅速，反应快，对主人极富感情，善解人意。

它对周围的人非常友好，特别喜爱儿童，是出色的伴侣犬。对周围的动物也很愿意与之共处。

比格犬吠声悦耳，奔跑速度极快，有"动如风，静如松"的赞誉。

比格犬与人的亲和性强，在用作医学试验时，容易与医务工作者配合进行医学试验，是国际上公认的实验用犬。

它很爱运动，要求每天有较长距离的跑动活动，若运动量不足，它会自行外出游荡。

比格犬乐意接受人们的调配，所以可作理想的狩猎犬和实验犬，不适合做看家犬。

比格犬中还有一种伊丽莎白比格犬，这种犬体形小巧，外出时可放在自行车前的篓内，是极好的伴侣犬和玩赏犬。

## 驯养知识

比格犬体形较小，在每天喂饲的食物中应含肉类200～250克，并加适量素食如熟素菜、饼干或米饭等，在喂饲时，除了注意食物的清洁卫生外，还要控制食物数量，切不可超量多喂，以免发胖、失去美观外形。

比格犬对运动的需求，要超过其他犬种，故每天都应给予足够的活动时间，让它达到所需的运动量。

比格犬喜爱干净，每天都应为它梳刷被毛，以保持干净和亮丽。要定时为它洗澡，次数视天气而定。春秋两季天气较凉，洗澡后要立即用电吹风将毛吹干，防止感冒。冬天洗澡，更要做好保暖工作。

比格犬比较容易接受训练，所以从小就应对它进行必要的调教，除教它服从命

令、听从主人指挥外,还应教它不用牙齿和爪子撕扯家中的衣服、窗帘、台布、沙发等物件,当然也要教它懂得清洁卫生,到规定的地方大小便。

比格犬还有一种特殊的习性,就是喜欢吠叫,若不调教好,它会叫个不停,吵得人受不了,必要时可作声带切除手术,使之不乱叫扰人。

## 选购技巧与健康指标

1. 在选购前,可到养有比格犬的人家去观看,大致了解一下它的外貌、习惯和特性,以便在挑选时有标准对照比较,避免犯弃优选劣的错误

2. 还要参阅一些有关介绍该犬的资料,增加一些理性知识,这样在挑选时更可得心应手,做到被选对象各部分都符合该犬应有的特征,获得理想满意的品种

3. 首先,肩高和体重要符合标准,过大过小均不适宜。如选的犬月龄还不足,尚未发育完全,对肩高和体重可适度放松要求

4. 应对各部位的体形进行逐一检查,比格犬的头骨应近似长卵圆形,长度和宽度要适中,头后部略呈圆形,枕部较宽

5. 吻部要较直,鼻孔宽阔而嗅觉灵敏,鼻端为黑色。牙齿应咬合良好,作剪状咬合

6. 眼睛应较大,两眼距离应较宽,眼神应较温和,眼球应呈暗黑色或茶色

7. 耳朵应既长又大,向下垂披直至嘴的下方,紧贴着两边面额

8. 颈的长度适中,颚角有轻微皱纹,颈部有一定皱褶,胸深而宽,背短,肩斜,肌肉发达而强健

9. 四肢应较短小,前肢壮,后肢大,腿部肌肉发达。脚圆形,脚垫丰满坚硬

10. 尾巴既粗又长,为坚挺上扬的剑状尾,常高翘着。尾端有白色或淡黄色毛,摆动灵活

11. 若四肢骨骼细长,颈部粗短,头方,吻短,尾短,耳小等,都不符合该犬的特征,不应入选

12. 成交后应向卖主索要双方签字转让证书、血统证书、预防注射证书和按规定应出具的7~14天健康安全保证书等

# 日本狐狸犬

- 肩高：雄性为32～38厘米，雌性为30～35厘米。
- 体重：一般为6.5～10千克。
- 头部：此犬头相当大，头顶平而宽。
- 鼻部：鼻小而尖，鼻端呈黑色。
- 吻部：口吻长度中等，尖但并不太细，色为暗褐色或黑色。
- 体形：颈部长度中等，有丰满的襞襟毛。体长略超肩高，胸部宽深适中，肋骨弯曲度好，腰较宽，腹部稍向上收缩。
- 被毛：被毛含有绒毛与刚毛。绒毛柔软稠密，刚毛直而粗。被毛以明亮的纯白色为主。

## 发展历史

日本狐狸犬，又名日本史必滋、日本尖嘴犬。

日本狐狸犬由于嘴相对长而尖，很像狐狸的嘴，因而得名狐狸犬。

日本狐狸犬原产于日本，其真正的起源则可追溯到北极附近的雪橇犬和瑞士土犬杂交后代史必滋犬。这种尖嘴的史必滋犬一直为德国日耳曼民族所喜爱。

日本大正十三年，由白色德国狐狸犬和日本本地犬杂交而成这种日本狐狸犬。从那时起，该犬就成为在日本民众中极受欢迎的犬种。直到1952年才被正式承认为一种独立的品种犬。

现在日本狐狸犬纯白的毛，是经过多年改良培育的结果。因其口吻较尖，故又称为日本尖嘴犬。

由于日本狐狸犬有洁白的被毛，既忠于主人，又活泼可爱，所以人们多把它作为家庭陪伴犬来饲养。

## 生活习性

日本狐狸犬性格开朗，易兴奋而略带点神经质。体格强壮，精力充沛，感觉敏锐，常给人以高傲自大的感觉。

对主人很忠诚，对陌生人猜忌而警惕性高，见不熟悉的来客爱吠叫。

由于日本狐狸犬既忠诚又有警惕性，因而适合于作为看家的守卫犬，又可作为陪伴犬，是很受人们欢迎的犬种。

## 驯养知识

每天供喂日本狐狸犬的饲料，必须有肉类250~300克，另加等量干素料或饼干。肉和干素料都需先煮熟切碎再用少量水拌匀后喂饲。每天还应喂饮用水2~3次。喂饲的食物温度不可高于犬的体温，否则会烫伤嘴巴和消化器官。食物中可加少量食盐，以增加食物的口味。

饲料和水都必须是清洁卫生的，食盆等餐具应及时洗刷干净，并定时消毒，防止因不卫生的饮食而感染疾病。尤其在夏天要特别注意。

由于日本狐狸犬的祖先是放牧犬，爱自由活动，因此每天要定时带它外出散步，使其达到一定的运动量，以保证身体健康。

日本狐狸犬爱吠叫，故在其幼犬时期就应加以训练，使其能养成不胡乱吠叫的习惯。还要训练它不用爪子乱抓损害家用物件，训练它注意卫生并养成定期排便的好习惯。

日本狐狸犬有认熟不认生的习性，因此，最好不要中途变换主人，否则，在较

长时期内都不易听新主人的指挥。

　　日本狐狸犬的被毛比较丰盛，每天应定时给予梳理，以保持绒毛的洁白干净。带犬外出回家时，如发现洁净的被毛有尘埃或污垢，就要及时将其清除掉，并加以梳理，保持外貌的美观。

　　平时，要经常留心观察它的精神状态、食欲情况、大便情况、鼻垫的干湿和温度情况等，一旦发现有异常，就应立即检查治疗。

## 选购技巧与健康指标

1. 在购买之前，先参阅有关日本狐狸犬的资料，对它的外形和特性，有个大致的了解
2. 在挑选时，要按该犬的标准，仔细检查拟购对象的各部分，看是否能基本符合要求
3. 肩高不低于30厘米，不高于38厘米；体重不轻于6.5千克，不重于10千克
4. 头不可小而窄，口吻不应过长或过短，尖而不过细，要近似狐狸的嘴形
5. 鼻不可大而粗，鼻色应为深色。唇也应为深色，牙齿应粗壮坚实，上、下牙应呈剪状咬合
6. 耳不宜大而下垂，应是较小而呈三角形直立，并且有短毛将其遮盖住
7. 眼睛则不宜小，而应是大而圆，且略呈三角形，眼的颜色要黑，眼周围也应是黑色，不应是浅色
8. 颈部不能过长、过短、过粗、过细，上面应有略长些的饰毛
9. 前肢不应弯曲而应较直，后肢的腿部应较宽阔而且有较丰满的肌肉。脚爪应似猫爪，有较多饰毛
10. 躯体宜稍长，胸部要宽深适中，背部要平而较直，腰部宜较宽，腹部略向上收，不可下垂
11. 尾巴要比较卷曲并覆盖着长饰毛，尾根位置较高，并一直卷曲在背上
12. 被毛要细密而柔软，毛应是纯粹的白色，不应掺杂其他颜色，否则，会破坏其美态
13. 特别应选身体健壮，精神抖擞的，切不可要那种消化道有病未愈或肛门周围粘有粪便的

# 惠比特犬

- 肩高：雄性为45～50厘米，雌性为43～48厘米。
- 体重：雄性为8～12千克，雌性为6～10千克。
- 头部：头部长而瘦削，头盖较平。
- 鼻部：鼻部为全黑色，或与被毛一致。
- 吻部：唇紧，上下颌强壮有力。牙齿白而强健，剪状咬合。
- 体形：颈长，常向前伸昂，弓形，线条内缩，呈流线型。躯体长，稍呈拱形，胸深长。
- 被毛：被毛短而丛生，毛质好，平滑富有光泽。被毛有黑色、褐色、蓝色、红色、金黄色等。其中有单色，也有混合色。行走时步幅大，步伐柔和轻松、自如。奔跑时速度快捷。

## 发展历史

惠比特犬又名威伯赛犬、挥鞭犬、快犬。"快犬"因其奔跑速度快而来。"挥鞭犬"因其奔驰时姿态好似骑马挥鞭而来。

惠比特犬产于19世纪末的英国,有的人认为是由灵猩、意大利灵猩、意大利灰犬和猩犬杂交繁育而成的,属于新型的品种。有的人则认为是由古老的灵猩、曼彻斯特猩、英国猎猩及贝多林登猩等犬杂交所培育而来的新犬种。

惠比特犬奔跑速度极快,纵身一跃就可咬住正在疾跑的野兔。因而早期人们将它作为竞赛用的跑犬。在英国约克郡与兰开郡之间工矿区和美国马萨诸塞州十分盛行用这种犬作为比赛奔跑用的赛犬,它每小时的速度可达60公里。

后来,因它流线型的身躯和美丽的外观,极受人们欣赏,逐渐被人们改作优秀的伴侣犬来饲养。

## 生活习性

惠比特犬性情温和开朗,聪慧机灵,感觉敏锐,气质典雅,稳重沉着而不好斗,外观清秀而体魄强健。

惠比特犬对主人感情深厚,可塑性强,易于训练;精力充沛,抗病力强,寿命很长,可活15年以上。

惠比特犬身体细长如鞭,跑起来速度极快,是追捕野兔及赛跑的能手。惠比特犬可作为看家犬、赛跑犬、捕猎犬,也可作为优秀的伴侣犬。

## 驯养知识

在喂饲的食料中,每天应有肉类

350~400克，并加同量的麦片等干素料。肉要先煮熟、切碎，与熟的素食拌和后喂饲（适量加点水）。供给的食物一定要适量，喂少了吃不饱，长不好，会失去健康活泼的神态；喂多了，能量过剩，会发胖加重，从而影响健康和美观。同时每天要供给干净饮水1~2次。

该犬具有意大利灵猩血统，虽然抗病能力较强，但必须保证它每天有足够的运动量，以使其健康成长。

惠比特犬被毛短，梳理工作不繁重，可以隔天给它梳理一次，但每次梳理后要用质软的干毛巾擦拭，以清除体外的灰尘和污垢。应定期给它洗澡，夏季天热，洗澡次数要适当增加。每隔3~5天为它清除耳垢和牙垢。还要定时用温开水为它洗眼，以防止感染发炎。

餐具如食槽和搅拌器等，每天都应清洗干净。上顿吃剩的食物，不可下顿继续供给，要严格注意清洁卫生。犬舍要选在干净、隐蔽和干燥的地方，每隔1~2天要打扫一次犬舍，还应定期对犬舍进行消毒。

从幼犬购回之日起，就应进行调教和训练，使它能听从主人的命令和指挥，懂得不用牙和爪去撕扯家中的窗帘、台布、衣服、沙发等物品。特别要使它懂得养成清洁卫生的习惯，保持被毛干净，不去沾染污物，不随地排便。

在饲养过程中，要关心犬的健康状况，如精神状态、食欲状况、大便状况以及鼻垫的湿度和温度等，一旦发现有异常情况，应立即检查治疗。

## 选购技巧与健康指标

1. 如果选购者是初次养狗，对惠比特犬缺乏了解，那么首先应到养有惠比特犬的家庭去访问一下，了解它有什么特征和特性，以便心中有数

2. 其次要阅读一些有关介绍惠比特犬的资料，进一步了解惠比特犬全身各个部分的标准和要求，以便照此去进行选择

3. 惠比特犬的外形特征，是头部长而瘦削，头盖平，吻部长而尖细，唇紧密合拢，上下颌强壮有力，齿呈剪式咬合

4. 鼻色黑，也有鼻色与被毛颜色一致的

5. 耳朵小而薄，状似玫瑰，常贴向后方，在警觉时，则会呈半竖立状态

6. 两眼间距窄，眼大而圆，眼神机警聪慧，呈黑褐色

7. 颈部清秀，雅致美观，呈方形。颈较长，线条内缩，呈流线型。颈部皮肤不松弛

8. 躯体颀长，略呈拱形，胸部深长，背长而呈弓状。背面不宽，坚实而肌肉发达，腹部紧收，奔驰时阻力小

9. 四肢修长而有力，站立姿势好，前肢直立，后肢腿部呈弓状，肌肉发达，富有爆发力。脚圆形，有坚厚的脚垫，大多为兔形或猫形脚

10. 尾巴长而尖细，常内缩在两腿之间而向前延伸，呈佩剑状

11. 抱在手上时，犬给人的感觉精神抖擞，而非软绵绵的

12. 毛色有多种，如红色、褐色、黑色、金黄色、蓝色、虎白色等。有单色，也有混合色

13. 行走时步幅大，步伐柔和轻松、自如，疾跑时速度极快

14. 头部圆大、口吻粗短、耳大颈短、躯干及四肢粗短或尾巴粗而上扬的，多血统不纯，不宜入选

新手养狗 喂食 洗澡 训练 狗狗乖

# 凯利兰犬

- **肩高**：成年犬一般为45～48厘米。
- **体重**：一般为15～17千克。
- **头部**：头部长而较窄，头盖骨较为平坦，额段不明显，两耳距离适中。
- **鼻部**：鼻呈黑色。
- **吻部**：吻部长而强壮，肌肉丰满。牙齿坚实，为剪状咬合。
- **体形**：四肢长度中等，骨骼强壮，肌肉丰满。前肢挺直，较粗壮，后肢更为强健、发达。腿部长而有力。
- **被毛**：毛质甚佳，细密而柔软如丝，丰盛而具有波状纹，光亮醒目。长度为12～15厘米。头上有冠毛。前肢腕关节以下毛较短，颌下有长胡须。被毛有深蓝和浅蓝两种，但有时胸毛带有一点白尖。初生的幼犬一般为黑色，随着其长大而逐渐变蓝，幼犬期有时会出现黄褐色斑块，以后可逐渐消失，至18个月后才完全变成蓝色。

Keep a dog

## 发展历史

凯利兰犬又名凯勒兰㹴、爱尔兰蓝犬、爱尔兰㹴、爱尔兰蓝色猎犬。

凯利兰犬是因产于爱尔兰的凯利州而得名,曾有爱尔兰国犬之誉。

此犬属古代犬种,历史悠久。其起源可追溯到18世纪。那时,当地牧羊人为寻求一种更适合看护羊群的牧羊犬,而用爱尔兰㹴和丹迪丁蒙㹴杂交,意外地繁殖出被毛色泽极为罕见的凯利兰犬。

据考证,凯利兰犬与贝林登㹴和斗牛㹴也有一定的亲缘关系。它原本是作为牧羊犬用的,后来既作为捕猎害虫、害兽用的犬,也作为养猪场或家庭的看守用犬。在19世纪后叶,开始被作为展示犬,1922年被引入伦敦,同年在英格兰建立了第一个凯利兰犬俱乐部,接着不久,在爱尔兰成立了凯利兰犬俱乐部,凯利兰犬这个犬种也正式得到广泛承认。

由于凯利兰犬被毛具有迷人的蓝色及美丽的波纹,受到了许多人的喜爱,当爱尔兰成为一个国家时,凯利兰犬也成为国犬,并将其品种重新命名为"爱尔兰蓝犬"。

## 生活习性

凯利兰犬性情温和、憨厚,富有爱心,勇敢而机灵,有时有点冲动,但能自行控制。具有机警与果断的优点。

凯利兰犬步态轻快，善于奔跑，对主人很忠诚，易于训练，肯服从主人调遣。它聪明活泼，但斗争性强，容易与其他犬发生冲突，喜欢吃残剩的食物。

凯利兰犬因既有美丽的外表，又有忠于主人的性格，非常受人喜爱，是一种多功能的犬，可作为陪伴犬和表演犬，也可作为参展犬和护卫犬。

## 驯养知识

凯利兰犬属于中型犬类，身体比较高大，消耗量也比较大，所以在饲养中，每天需要肉类350～550克，另加等量的干素料或饼干。肉类要先煮熟切碎，再和熟干素料加水调和后喂饲。

要注意饲料的新鲜和清洁，每次喂食前，都应把上次剩下的残余食物倒掉，再把盛器洗刷干净。

每天喂食要定时定点，并要限制它在15～25分钟内食毕，若不能在规定时间内吃完，就要将食具和食物收去，强迫其养成定时定点取食的良好习惯。餐后要供1～2次新鲜的饮用水。

凯利兰犬是一种爱运动的犬种，每天要让它有一定的时间自由奔跑或外出散步。

对它美丽光洁的被毛，要每天进行梳理，以保持被毛的清洁与光泽。

对饰毛应定期进行整理和修剪，一般每隔5～7天，要将前肢的毛整理修剪一次，修成直筒状，肢根的毛要稍短些，肢中的毛让其稍膨大些，指趾间的毛要修短，使其脚呈圆形。

后肢跗关节的后方要修剪成斜角，脚部要修成圆形。臀部要使其有丰满感。

尾根要略粗些，尾端则应较细。耳缘的长毛及耳内的毛，也应适当剪短。眼角上的毛也要适当剪修，但颜面部的饰毛和胡须应保留，不可修剪。

春秋两季，应每隔15~30天为它洗一次澡，夏天一般每隔3~5天洗一次澡，如遇气候闷热，就每天洗一次澡。

每隔3~5天要清除一次耳垢和眼屎。眼睛要用温水抹洗。

新购进的幼犬，从一开始就要给予严格的训练，使其养成听从主人指唤和调教的习惯，在生活上养成爱清洁、到指定地点排便的习惯。

在喂养过程中，要时刻注意精神状态有无异常，食欲状况是否正常，排便干稀程度有无问题，鼻垫是否发热和干燥等，发现有不正常的现象，应立即采取措施。

## 选购技巧与健康指标

| | |
|---|---|
| 1 | 犬的肩高，一般不宜超过48厘米 |
| 2 | 肩高和体长的比例要差不多，体形应略呈方形 |
| 3 | 头部应长而狭窄，门齿要求能作剪状咬合，鼻端要呈黑色 |
| 4 | 耳朵要折垂向头的前侧，折线处宜高于头顶，耳宜小而呈"V"字形，直立耳的不宜选入 |
| 5 | 眼睛不宜过大，颜色要深褐或黑色 |
| 6 | 胸要深而略宽，背应短直而强壮，腰要短而有力，腹部要向上收紧 |
| 7 | 前肢要挺直，立姿要好。后肢要肌肉发达、强壮。腿要长而有力，脚要小而圆，足垫要厚，爪要略拱且呈黑色 |
| 8 | 尾的根部要较高，长度适中，能坚挺向上直立 |
| 9 | 毛要密实丰厚而柔软如丝，光滑亮丽，丰盛而有波纹，并有较茂密的胡须。成犬的毛色应为深蓝色或浅蓝色，不应有其他杂色掺杂其间破坏美观 |
| 10 | 不选头部短宽、耳过大而竖直、牙齿咬合不正、下颌短、眼外凸且色黄的 |
| 11 | 不选躯干细长、四肢短、尾下垂、跗外展以及毛色非蓝色的 |
| 12 | 购买时，要向出售者索取有关技术资料及血统证书，预防接种证书，双方签字的转让证书等 |

新手养狗 喂食 洗澡 训练 狗狗乖

# 美国可卡犬

- **肩高**：雄性为38厘米，雌性为36~37厘米。
- **体重**：一般为10~13千克。
- **头部**：头部圆而匀称，具有低垂的长耳，紧贴头部，披羽状长毛。
- **鼻部**：鼻梁清晰而明显，鼻段深凹，鼻端黑色或茶色。
- **吻部**：吻与颅部等长，上唇丰满厚实，下唇方而宽。
- **体形**：躯干短而结实，颈肌发达，臀部浑圆。腰部短而宽，尾为人工断尾，行动时不停摇动，兴奋时可较高上抬。
- **被毛**：被毛多样，有黑色、棕色、浅红色等单色的，也有杂色型和具有杂色斑块的，还有黑色被毛上间有褐色斑纹的。

Keep a dog

## 发展历史

美国可卡犬，又名美国可卡腊肠犬、美国小猎犬、美国确架猣。

据有关资料记载：这种犬原是西班牙的一种猎犬，有陆猎犬和水猎犬两类。陆猎犬的体形有大、小之分。19世纪时，英国就有不少养犬爱好者进行饲养。19世纪80年代传入美国，所以有些犬学家认为美国可卡猎犬是由纯血统的英国可卡猎犬培育繁衍出来的犬种，其体形小于英国可卡犬。与英国可卡犬相比较，其被毛更为丰厚，毛色也有所不同。

美国可卡猎犬最开始是一种捕猎鹌鹑的鸟猎犬，现在大多人家将它作为玩赏犬饲养。

1946年这种犬被美国养犬俱乐部承认为一个新的独立品种。

## 生活习性

美国可卡犬虽保持猎犬的特性，但对主人及其他人皆友善可亲，且喜欢和主人或小孩一起睡觉。它机灵、活泼，听从主人指挥，富有感情，奔跑敏捷迅速，充满活力，性情平稳大方，不会有羞怯表现，对陌生人也较友善。

美国可卡犬是猎犬中的小型犬之一，为猎犬中的优质品种，多被人们作为玩赏犬来饲养，颇受主人的喜爱。

## 驯养知识

美国可卡犬的饮食中，肉类的供给应比其他犬种多，一般每天需供肉类250～350克，另加等量的干素料和饼干，并给予适量饮水。

在管理工作中，要重视它的活动量，这是因为它原本是一种生活在野外的猎鸟犬。饲养此犬的主人，每天最好要带它出去散步2～3次，一般可以早晨起身后带它出去溜达一次，傍晚或下午再带它出去走走。若长时间把它关在家里，不给足够的活动量，它会烦躁不安、神情呆滞甚至生病。

每天要用刷子（棕刷）或梳子为它梳刷被毛。美国可卡犬的胸部、腹部和腿部都有既长又密的被毛，并常拖在地上，若不经常梳理，就会粘上灰尘和污垢，甚至板结成团，不仅影响美观，而且会受病菌侵害而患病。

除了为它经常梳理外，还要隔一段时间替它洗一次澡。澡可以用水洗，也可以干洗。干洗做法是：先喷撒上爽身粉或护发素，然后用梳子为它从被毛的根部至梢部进行梳刷几次，这样，既可保持它的被毛柔顺蓬松，不缠结，又可防止毛中滋生虱子，使它健康活泼。

每隔一段时间，还要为它做清除牙垢和耳垢的工作，以及用淡盐水为它洗眼

睛，以防止五官因不干净而产生疾病。平时还应经常注意它在进食、睡眠、步行等活动时是否出现异常，精神状态是否有失常，若发现有病，就应及时治疗。

美国可卡犬的训练也非常重要，不可任其自然发展，否则，容易养成它任性和固执的坏毛病。

## 选购技巧与健康指标

1. 体格要结实健壮，精神要饱满，双眼要明亮，色泽要深暗端庄
2. 外貌要优美，颈下、腿部、腹下、尾部下面的被毛要长而丰满，柔润亮泽，像真丝般平顺
3. 对人态度要友善可亲，能温顺地听从主人的指挥，不怀有恶意或进行攻击
4. 头部要圆而匀称。嘴要带方形，吻部要宽润
5. 眼睛要明亮，且大而圆，视物炯炯有神，观看周边事物时，眼转动灵活
6. 双耳要像叶片般长而低垂，披有长而丰盈带波纹的羽状毛
7. 躯干部要稳健坚挺，短而结实，脊背微呈水平
8. 头部的被毛应短，两侧及脊背部的毛要长度中等，胸部、耳、腿毛须长如丝状，像围裙般拖及地面
9. 尽可能向卖方索取犬的谱系史资料及卫生防疫检验证等证件

# 贝生吉犬

- **肩高**：雄性肩高为43厘米左右，雌性肩高为41厘米左右。
- **体重**：雄性体重为11千克左右，雌性体重为10千克左右。
- **头部**：头部呈楔形，即上部宽、下部窄，头盖微平而宽广，额上方有皱纹，像是沉思的老人。
- **鼻部**：鼻孔宽大，色黑或淡红，玫瑰色，嗅觉较好。
- **吻部**：吻部尖细。
- **体形**：颈的长度适中，颈部上方的皮肤常有皱褶，曲线较为流畅。胸部深而有力，宽度适中，腹部上收，背部较平直。
- **被毛**：被毛常以橘色为主，辅以白色，其足部、头顶、颈下、胸部、四肢的下部和尾尖等部位常有白色被毛。

## 发展历史

贝生吉犬又名巴迅犬、刚果犬、巴圣吉犬。原产于非洲刚果盆地，其祖先原属极古老的犬种，早在数千年的古埃及和金字塔的陵寝中，就有贝生吉犬祖先栩栩如生的雕刻形象。公元前525年，波斯人征服埃及后，贝生吉犬曾一度被转入非洲中部的刚果河地区，并持续保持纯正的优良血统，故又称刚果犬。

19世纪中期，在刚果苏丹南部人们重新发现了贝生吉犬，并被一位英国探险家于1895年带一对至英国，随后逐渐繁衍开来，还在伦敦犬展会上首次露面。

1934年，贝生吉犬在欧洲各国已经普遍饲养，1939年英国制订了该犬的标准。1941年成立了该犬的俱乐部。

1942年，美国也成立了贝生吉犬俱乐部，并且承认了英国贝生吉犬俱乐部制定的品种标准。以后便繁育推广到世界各地。

## 生活习性

贝生吉犬举止沉着、机警、敏捷，酷爱干净，有温文尔雅的气质。

贝生吉犬好奇且顽皮，常像猫一样用脚洗脸。额部布满老年人似的皱纹，给人以"智慧老人"的感觉。对主人很忠诚，但对陌生人很警惕，它性情温柔可亲，以热爱儿童著称。

贝生吉犬有一个和其他犬不同的特性，平时从不吠叫，有"来自非洲不吠之犬"的雅号。还有一点受人们喜欢的是，这种犬很爱清洁，身上没有异味。

## 驯养知识

在贝生吉犬的饲养管理中，食物供给一定要适量，做到不多也不少。少了，会影响生长发育，失去活泼可爱的形象，甚至产生病态；多了，会发胖，变得迟钝而懒惰，失去机灵敏捷的特性。

每天喂食的饲料中，应含肉类300~350克，并配加麦片、无糖饼干等素食，分量和肉量差不多。肉类应先煮熟，切成小块，与素食料（熟的）加水拌和后喂饲。肉类必须新鲜，烹具和食槽要洗刷干净，保证食物的清洁卫生。

每天应供给干净的饮用水1~2次，夏天还应适当增加。犬舍应选在避风、干燥、洁净的地方，并要经常打扫和消毒。

贝生吉犬原是一种猎犬，平时喜爱活动，所以每天都应牵出去散步，任其自由奔跑跳跃。适当的运动量，能促使其生长发育，壮实健康。

贝生吉犬与众不同的是头部、颈部等处有皱褶，很容易积聚和藏留细菌，所以除经常为其梳理被毛、清除污垢外，还应多为它洗澡。尤其是夏天，每天或隔天就应洗一次，特别要清洗褶缝之处。

要经常对它进行一些训练，使其养成听从主人召唤，服从主人命令的好习惯，并要让其懂得不用牙齿、爪子撕扯家中的衣物、窗帘、沙发等物品，还让其懂得清洁卫生，不让污物沾上身体及定点大小便。

每隔5~7天，要为它清除一次牙垢、耳垢和眼屎。要经常用温开水洗眼，防止染上眼炎等疾病。还要定期修剪爪子，以利行走轻快，避免抓伤人体。

在日常饲养中，要密切注意它有无状态失常、食欲减退、大便变稀、鼻垫发热或过分干燥等现象，发现有不正常的状态出现或有患病迹象，应立即采取治疗措施，以免形成大病。

## 选购技巧与健康指标

| | |
|---|---|
| 1 | 选购前，可到养有贝生吉犬的家庭去访问，观察它的外形，了解它的特性，对它有个初步的认识和大致的印象。这对于挑选会有很大的帮助 |
| 2 | 可找点有关这种犬的介绍资料看看，以增加一些理性认识，在选购中可根据贝生吉犬的各个部分的标准来进行对照挑选，这样就能更有把握地挑选出符合要求的好犬 |
| 3 | 对照审查贝生吉犬的各部分时，首先要看肩高和体重是否符合标准要求，如在挑选时，发现犬的月龄还不足，肩高和体重未达标准，这并不是什么严重缺陷，可以选购 |
| 4 | 头部要求硕大，头颅上部宽大，成上宽下窄的楔形，且头部和颈部的皮肤松弛，有很多的皱褶，吻部应比较尖细，鼻孔宽大，色黑或淡玫瑰红色 |
| 5 | 耳朵较小，呈三角形，为朝前挺立的直立耳。眼睛应为杏仁形，眼睛的颜色应为黄色，或淡蓝色，或褐色，眼神应较温柔 |
| 6 | 胸部应较深，结实有力，背部平直，腹部上收，外表应给以人线条完美流畅的感觉 |
| 7 | 四肢应修长而壮健有力，大腿肌肉比较发达，脚趾应尖细，决不可选四肢短而粗壮的 |
| 8 | 尾巴应部位较高，向背上卷成圆圈，或卷在背部一侧，而且尾梢部的毛为白色的 |
| 9 | 被毛应短而稠密细柔，紧贴在躯体上，决不可选被毛长而粗的 |
| 10 | 毛色应以浅橘红色为主，头、足、胸、尾尖、颈下等处有白色毛 |
| 11 | 行走时步伐应比较优美，像马跑的样子一蹦一跳的 |
| 12 | 若头部圆短，表皮无皱褶，口吻粗而短，耳朵和尾巴向下垂拖等形状的，皆不符合标准，不宜入选 |
| 13 | 成交后应向售主索要血统证书、检疫证书等各种证书 |

新手养狗 喂食 洗澡 训练 狗狗乖

# 金色猎犬

- **肩高**：雄性为56～61厘米，雌性为51～57厘米。
- **体重**：体重雄性为29～37千克，雌性为27～32千克。
- **头部**：头盖较宽。
- **鼻部**：鼻额间有明显的凹洼，鼻端为深褐色。
- **吻部**：吻部较阔而且强壮。
- **体形**：耳朵为向下披垂的薄型耳，中等大小；眼睛褐色，神情温和，大小适中。颈部的长度中等，有较丰满的肌肉；尾巴较长，不卷曲，由尾根向尾端逐渐变小变尖，静止时下垂，运动时上举至与背相平。胸部较深，身体各部匀称，肋骨扩张有力，腰部及臀部结实有力，胸部有饰毛。前肢直，肢骨结实，后肢强壮有力，四肢皆有丰满的肌肉，膝关节弯曲适宜，前肢后缘有较美的饰毛。
- **被毛**：全身有中等长度的被毛，毛较平滑，生长稠密，稍带波形。被毛大多为金黄色，也有奶黄色的。从总体看，该犬身体各部分匀称而强劲，虎虎有生气，善于奔跑等活动，动作灵敏而迅捷。对人和蔼可亲。四肢长短适度，全身披着金丝般的长毛。尾巴在活动中平举，蓬起美丽的须边，极其优美可爱。

Keep a dog

## 发展历史

金色猎犬又名金色衔物犬、金色寻回猎犬、金色寻回猎物犬、金丝陪伴犬。

金色猎犬的来源有几种说法：第一种认为由猎鹬犬与雪达犬交配繁殖而成；第二种认为含有拉布拉多犬和俄国猎狼犬的血液；第三种认为由一只黄色波纹毛的洛德威德莫斯衔回猎物犬与一只长毛水猎犬杂交后产生的金色猎犬。

1918年，英国伦敦成立了金毛猎犬俱乐部。由于该犬的外貌使人很感兴趣，所以这个品种也有了较大的发展。1920年被称为金色猎犬，1952年才得到人们的承认。它多被用作帮助主人衔回猎物，所以又叫做金毛衔回猎物犬。现在此犬既能作为陪伴犬之用，也能作为展示犬之用。

### 生活习性

金色猎犬温和可亲,动作敏捷,嗅觉灵敏,活泼可爱,工作时有很强的耐力。

金色猎犬种用途很广,能为主人寻找并衔回猎物,能为盲人带路,也能在水中工作和活动。

对主人很忠诚,见了陌生人也不畏惧,是一种机智勇敢的猎犬。

金色猎犬很适合老人、妇女、儿童作为伴侣犬。经过一定的训练也可成为理想的展示犬。

## 选购技巧与健康指标

1. 金色猎犬最重要的特色有两点：一是匀称的体形；二是金丝般的被毛。选购时首先应从这两方面考察是否符合
2. 成年犬肩高不能与标准差距太大，过小的可能是发育不良，不宜选购
3. 要仔细察看体形的各部分是否大体符合该品种犬的标准要求
4. 胸部应比较发达。前肢应较直，后缘有饰毛，后腿的肌肉丰满
5. 眼睛周围要有黑色罩毛，并一直延续到耳部的为好
6. 膝关节不能太直，也不能弯曲度过大，脚趾应紧握而呈拱形
7. 耳朵不能过大或过小，应下垂而不竖立
8. 眼睛和鼻端应深褐色，颜色过浅不符合标准要求
9. 尾巴不可太长，也不可过短，且不卷曲。从尾根至尾端应逐渐变小变尖，并带有较长饰毛
10. 被毛的长度要适中，不能太短。口吻不能细长无力。颈部有白色毛的和脚趾上的毛有白斑的，均属美中不足
11. 被毛只能是金色或奶黄色，其他颜色的不符合标准要求
12. 受选的幼犬，一定要强壮健康。精神不佳、行动不灵、眼睛无神和有小毛病的都不能入选
13. 选定购买时，应向卖主索取该犬的有关技术资料和各种证书，以防日后出现麻烦

# 萨摩犬

- 肩高：雄性为51～54厘米，雌性为45厘米左右。
- 体重：一般为23～30千克。
- 头部：头部呈楔形，即上宽下窄型。
- 鼻部：鼻端为黑色。
- 吻部：嘴唇为黑色，嘴角上翘，像在微笑，门齿呈剪状咬合。
- 体形：胸部深而宽阔，有弹性，背部肌肉发达，较平直，腹部不呈收缩状态。
- 被毛：全身长有浓密的被毛。被毛长而直，粗而硬。不卷曲，有短而厚密的下层毛。被毛大多数为纯白色，有少数为淡褐色。

## 发展历史

萨摩犬又称沙摩艾特犬,又名萨摩耶特犬、沙摩犬。

沙摩艾特是俄罗斯北极地区的一个民族。几个世纪以前,这里的居民喜爱养犬,并用来狩猎、拖运食物,此种犬是生活中不可缺少的伙伴。来北极探险的阿伯鲁齐公爵,出于对这种犬的喜爱,就给犬冠以沙摩艾特,成了沙摩艾特犬。

萨摩犬具有典型的尖嘴犬的特征,据此分析推测,它可能与阿拉斯加雪橇犬、日本尖嘴犬、博美犬等为同一个祖先。

19世纪末,不少在北极地区探险的探险家,在返国的同时,也把萨摩犬带入欧洲。英国伦敦的第一只萨摩犬,就是于1897年由探险者带入的。

1909年,又有萨摩犬引入英国,这就是萨摩犬被进行选育的开始。

此后不久,英国成立了两个萨摩犬组织,即大不列颠萨摩犬俱乐部和萨摩犬联合会。从这以后,爱好饲养此犬的人日益增多。

现在,英国已有很多萨摩犬俱乐部,美国也有许多犬迷喜欢这种原产于俄罗斯北部的名犬。

## 生活习性

萨摩犬聪明开朗、勇敢耐劳,对主人忠诚而有耐心。

它对人很友善，脾气好，工作很卖力，善解人意，但警戒心很强。过去常被用来拉雪橇、运货物、猎鹿、驱逐狼群、保护家畜等。现在饲养者不仅将它作为运输用犬、守卫犬，而且也作为陪伴犬。

## 驯养知识

在饲料供给上，成年犬每天应喂肉类500克左右，并加等量的熟干素料或饼干。喂饲的肉类应煮熟、切碎，并与干素料拌和均匀，再加适量水调和后喂饲。每天喂饲要定时定点，并限定15～25分钟内吃完。过时要将食盆端走，以养成良好的饮食习惯。饲料必须新鲜、清洁。食盆要经常洗刷。环境要定期消毒。还要定时供给干净、新鲜的饮水。

萨摩犬需要有一定的活动量，每天早晨或傍晚可带它出去散步，也可带它去郊外或公园内溜达。运动过后，应及时给它梳刷被毛，清除毛上被污染的尘埃，以保持被毛的清洁和美观。要定期为它修剪脚爪，清理耳垢、齿垢及眼屎。定期用浓度为2%的硼酸水为它洗眼，可以防角膜炎。

平时要注意它的精神状况、食欲情况及大便的形态。如发现异常情况，应及时找出原因，采取治疗措施。

## 选购技巧与健康指标

1. 选购前,应阅读一些有关萨摩犬种的资料,初步了解萨摩犬的外形特征和特性,然后运用这个标准去衡量选购对象各个方面的情况

2. 检测萨摩犬的肩高极为重要,具体要求是:雄性肩高不应低于51厘米,雌性肩高不能低于45厘米。幼犬因身体尚未发育成熟,不应按成年犬的高度来要求

3. 萨摩犬的头部要呈楔形,即上阔下窄,脸部略长,口吻较长而尖,略似狐狸的嘴脸

4. 耳朵要小而直立,耳根端稍圆而且会动;眼睛要略呈卵圆形,较小而深凹,颜色深暗

5. 性格应温和、友好、脾气好,但勇敢而善跑、勤于劳作,且有很强的耐力

6. 要求身体强健,不带有任何轻微疾病

7. 尾巴应向上卷曲在背部一侧,并长有丰盛而漂亮的饰毛,不经过人工断尾

8. 若耳朵过大而下垂,眼圆而突出,颜色太浅,都不符合此犬的外形特征,不应入选

9. 若四肢细长,被毛很短且卷曲,被色深而杂乱,不是白色或浅褐色,都与萨摩犬特征不相符

10. 萨摩犬是一种工作犬,身体必须结实而健壮,显示出属于工作犬应有的体形特征

11. 当选定成交时,不要忘记向卖主索取该犬有关的技术资料及血统证明书、预防接种证明书、双方签字的转让书和7~14天健康安全保证书

# 德国狼犬

- 肩高：雄性为62厘米左右，雌性为58厘米左右。
- 体重：雄性为35~40千克，雌性为29~32千克。
- 头部：头部瘦窄，轮廓清晰。
- 鼻部：鼻端黑色。
- 吻部：口吻稍尖而强壮，唇部较薄而紧贴，门齿呈剪状咬合。
- 体形：胸部较深而不阔，躯干由前至臀部明显较长，且长比肩高。腹部较为收缩。
- 被毛：被毛长度中等，既直又密，伏贴体肤之上，有抗雨能力。下层毛很丰厚，腰下和臀部的毛厚度中等。被毛多为黑色、黑色中带有茶色，或黑色中带有浅黄褐色，但也有在前胸处带有小白斑的。

## 发展历史

德国狼犬又名德国牧羊犬、德国狼狗、黑背、警犬、德国警犬等。

德国狼犬是当今世界上分布最广、用途最多、声誉最显赫的著名犬种，有"天然警犬"的称誉，可用于牧羊、看护家园、警卫、军用、警用、导盲和陪伴等。

德国狼犬起源于德国。关于它的来历，有几种不同的说法。第一种认为它是由各种牧羊犬杂交而成；第二种认为它是由牧羊犬与狼犬杂交后育成；第三种认为它源于6000年前青铜器时代的艾尔沙奇亚犬。但这几种说法都没有确切的依据可供查考。

不过，有资料说明：在7世纪时，德国就已经有这种类型的牧羊犬，只是毛色较淡，到16世纪时，毛色才明显变深。

## 生活习性

德国狼犬有勇敢、诚实、稳健、服从性强的特点，更有坚强、凶猛、机警、好斗的特性。它举止自然，容易接受训练，有"天然警犬"的美誉，是经过多年的选育和品种纯化的结晶。

德国狼犬，具有护卫用犬、追踪用犬和警犬特有的品质。德国牧羊犬协会会对这种犬进行严格的考核和鉴定，只有神经类型很强，具有自信心、稳重而沉着的，才能通过考核，被承认鉴定合格。

饲养者必须懂得：犬的性格是可以通过环境影响、培育而改变的。让犬有机会经常熟悉各种不同的环境，使其有丰富的经历，是十分重要的。在训练和饲养中，要经常带犬到广阔、狭窄、冷静、热闹以及繁纷喧闹等各种特殊复杂的环境中去经受锻炼，这可以克服它胆小和畏怯陌生等弱点，加强其无所畏惧、处事不乱、勇往直前的优越性。使这种犬可以用作警犬、军犬、救生犬、牧羊犬、导盲犬、看家犬、护卫犬，成为万能的工作犬。

## 驯养知识

对于一只优秀的德国狼犬来说，保持其健康的身体是最重要的，因而必须有正确的饲养方法，给予精心的照料和护理。

对于这种狼犬的喂饲，做法应不同于其他犬类。成年的狼犬，每天喂一顿就够了，不能像喂其他犬那样少量多餐。每天喂饲要定时定点，切忌在紧张训练前喂食。饱食后进行如气味追踪等训练，它就不会表现出高度的兴奋，使训练收不到好的效果。

喂饲的时间，最好放在傍晚，这样既不影响训练，又可借这个时间让它排便，以保持犬舍的清洁卫生。对那些身体超重的成年狼犬，最好在每天早晨喂饲，这样可以通过白天的紧张训练活动促其减肥。

在饲养中应注重营养的摄入，在饲料中，含蛋白质高的鱼类或肉类应占一半的分量，另一半则应是素料和蔬菜，及其他富含矿物质和维生素的食物。德国狼犬对动物的骨头很有兴趣，不妨提供一些，其好处是既能引起犬的食欲，又能促进犬牙的巩固，更能促进犬的唾液分泌，帮助其消化。

要重视饮食的清洁卫生，食物一定要新鲜，吃剩的食物，不要留作下次再喂。饮水一定要清洁，每天需提供2~3次。食槽水盆天天要清洗，尤其是炎热的夏天。还要保持犬体的清洁卫生，经常用梳子或毛刷为犬梳理被毛，在用梳子梳毛之前，最好用手反复替犬搓擦，这有助于它的血液循环，且对被毛新陈代谢有利。搓擦过后再用梳子梳，把要脱的毛清除干净。最后用丝绒或麂皮顺着毛向擦，以使被毛光洁亮泽。

每隔一段时间，要为它洗澡，尤其是炎热的夏天，隔3~5天就应洗一次澡，以清除身上的灰尘、污垢，保持犬体干净卫生，不致滋生寄生虫。洗澡的水温不宜过高，一般在30~35℃之间即可。

每隔3~5天，还要为犬清除一次耳垢、牙垢和眼屎。每隔1~2个星期要用浓度为2%的硼酸水为犬洗眼，保证它不患眼病。

它的脚爪也要隔几天修剪一次，过长了会影响行走。

如果发现它常用爪抓搔耳朵，很可能患上了耳炎，要立即进行检查，必要时应请医生诊治。

犬类患病时，往往表现在鼻垫上。在正常情况下，它的鼻垫清凉而湿润。若发

现它的鼻垫很干燥或发热，就表明它已患病，应及时作针对性治疗。

平时要注意犬的毛色，特别是胸和腿部内侧的毛色。如毛色变淡，指甲变淡，尾尖变红，都属于患病迹象。

## 选购技巧与健康指标

1. 德国狼犬的选购时期，应在幼犬生后40天最为合适。因为德国狼犬出生后40天，其体型已发育到和成年犬差不多，已不再会有大的变化了，所以一般都应在犬出生后40天去选定和预购

2. 被选中的德国狼犬，应该是身体健康、活泼兴奋、天真大方、食欲旺盛、无眼屎、不消瘦、鼻垫湿润而凉快、被毛紧贴身、光泽柔顺、两眼有神、生机勃勃、行动灵敏自如的幼犬

3. 它的性格，要求符合本书前面介绍的各项特性。如勇猛、机警、好斗、自信心强、见生人不胆怯，有良好的神经类型等

4. 选择和测试性格时，可观察它见陌生人是否惧怕，能不能自觉地和人一起游戏，对发出的声响或摇动手帕时，它会不会敏锐地作出反应，投掷物件给它时，会不会感兴趣，有没有渴求与人嬉戏的表现以及与其他犬共同嬉戏的兴趣

5. 按照德国狼犬应有的标准来检查犬身体的各个部分，首先是肩高与体长的比例，是否为8:10左右。雄性的身材，可以稍长一些

6. 典型的毛色为黑背黄腹，有的前胸有白斑，一般多为黑褐色，狼灰色者也有，但很少；口吻周围以黑色的为佳，人们大多偏爱黑褐色犬，其实狼灰色犬在烈日下作业耐力最好

7. 眼睛的颜色以深浓的为上品，眼形以杏仁形为好；耳朵以直立的为优，尾巴以马刀式下垂的为好；尾巴上举的高度不应超过背水平线

8. 头要求楔形，即上宽下窄而较长。雄性口吻要宽大，不宜过于细长。门齿要上颌门齿轻盖下颌门齿前端的1/3，似剪刀状紧密接触，上颌门齿与下颌门齿之间空隙很小

9. 胸深要达到肘部，膝盖部稍曲，腹部稍收，雄性睾丸要看得见，不应是隐睾丸或单睾丸

10. 四肢应较健壮，步态要稳妥自如。挑选时应让它走动，如跑了几步后，后肢就合并在一起跳跃，即可能有伤

11. 选定之后，要向卖主索取饲养管理技术资料、血统证书、买卖双方签字的转让书，以及7~14天健康安全保证书

# 大麦町犬

- 肩高：雄性为55~60厘米，雌性为51~56厘米。
- 体重：雄性为22~25千克，雌性为20~23千克。
- 头部：头大而宽平。
- 鼻部：鼻端黑色或棕色，随毛颜色而定，并有栗色或猪肝色斑点。
- 吻部：吻部长而有力，颞颥部明显，额段适度，唇薄。
- 体形：胸深适中，肋深而略带弯曲，腰、背强健有力，肌肉丰满而结实。
- 被毛：被毛短、硬，稠密而平滑，富有光泽。被毛以底色纯白者较多，并带有黑色或红褐色斑点。黑斑品种的斑点多为浓黑色；红褐斑品种斑点多为棕红色。斑点多为圆形，斑点越多者越有价值。头部、口吻部、四肢、耳部、尾部及足部的斑点，比躯干等部位的斑点小。

## 发展历史

大麦町犬又名达尔马提亚犬、斑点犬、马车犬和大丹麦犬等。

大麦町是南斯拉夫的一个地区，由于此犬原产于这里，并受到人们的喜爱，于是在犬的名头上冠以地名，叫大麦町犬。因有人把这个地区翻译成达尔马提亚，所以这种犬也叫达尔马提亚犬。

大麦町犬是一个非常古老的犬种，在历史上，这种犬在英国曾被称为马夫犬；在法国曾被叫做小丹犬；在瑞典曾被称为斑点犬。18世纪中期，才被称为大麦町犬。

在18世纪，这种犬被普遍作为拖曳犬，与当地著名的孟加拉波音达犬有不少相似之处。

19世纪时，此犬在英国广为饲养，并逐渐失去了狩猎的技能，成为了伴侣犬。

第二次世界大战之后，由于这种犬具有出色而诱人的被毛，在欧洲各国越来越受人欢迎。

1959年，华德狄斯奈以大麦町犬为主角，发表了《一零一忠狗》之后，这种犬成为了家喻户晓的名犬，其身份也从拖曳犬一跃成为伴侣犬，而且风靡世界各国。

## 生活习性

大麦町犬聪明伶俐，行动敏捷，富有生气。生性好静，温顺，脾气很好，易于训练，喜爱主人，也喜欢和小孩子嬉戏。

大麦町犬记忆力很强，行走时步态自如，奔跑迅速。

过去曾被作为马车犬、拖曳犬和狩猎犬。因它有漂亮的外表，深受人们喜爱，现在多被作为玩赏犬或看门犬饲养，也可作为军犬和拖曳犬，可称之为一种万能型犬。

## 驯养知识

大麦町犬个体较大，加上它原是拖曳犬和狩猎犬，比较爱活动，因而食物的消耗量也比较大，所以饲料的供给应比其他犬种多。

在每天的食物中，应含有肉类制品500克左右，并加等量的饼干或熟的干素料。肉要煮熟、切碎，与干素料混合，加适量水调和后喂饲。饲料一定要新鲜而干净，饲具要经常洗刷，并进行消毒。

喂饲要定时定点，限定在15～25分钟吃毕，到时将余食和食具一起收走，迫使它养成定时定点取食的良好习惯。

每天还应喂给2～3次清洁的饮水。

大麦町犬是一种有生气、爱活动的犬类，每天应带它出去散步或在院内奔跑。

每次运动后，要用刷子为它梳理被毛，除去粘在毛上的污物和灰垢，再用丝绒或柔软的毛巾为它擦拭一会儿被毛，以保持光洁美观。还应定期为它洗澡，天凉时每隔10～15天洗一次，天热时每隔3～5天洗一次。

每隔3～5天，要为它清除耳垢、齿垢和用浓度为2%的硼酸水清洗眼睛（用脱脂消毒棉蘸此水），以防患角膜炎等眼疾。还要定期为它修剪脚爪。

平时要对它进行调教和训练，使它养成不用爪抓撕衣物、窗帘和沙发布的习惯，养成听从主人指挥和爱清洁卫生的习惯，特别是定点排便、不随地大小便的习惯。

在饲养中，要留心观察它的饮食、行为等各种表现和状态，一旦发现有病应立即治疗。

## 选购技巧与健康指标

1. 在选购之前，要先参阅一些关于大麦町犬的介绍资料，了解大麦町犬的外形特征和性格特性，以便心中有数

2. 大麦町犬的体型框架，应为方形体

3. 头形应略长，吻部应稍长，鼻端应为黑色或棕色，嘴唇要薄，牙齿应呈剪式咬合

4. 耳朵应耳根较高，耳片柔软而薄，长而稍圆，贴挂于头部两侧的垂耳，耳上有不少斑纹

5. 眼睛要圆而亮，目光应炯炯有神，眼部以黑色或棕色为好

6. 胸部深而稍宽，背和腰要强健有力，丰满结实而呈拱形，腹部明显上收

7. 前肢应直而坚实，后肢应肌肉较发达而结实。脚要小，近于猫的脚型。足垫有较强弹性

8. 尾部尾根较粗，尾梢渐细，尾巴光滑而略向上弯曲，但不卷，为剑状尾型

9. 若被毛柔软呈丝状，非白色，斑驳密集而又不带圆形或椭圆形，则与大麦町犬种不符合

10. 若乱吠乱叫，行动迟钝，两眼无神，尾悬垂而尾端不微举，体质消瘦的，一般属于患病的狗狗，不宜选购

11. 向卖主索取有关技术资料、血统证明书、防疫注射证书、双方签字转让书等证明，选购时应慎重

# 古牧犬

- 肩高：一般为55~58厘米。
- 体重：一般为26~35千克。
- 头部：头部呈圆形，头上的毛盖住双眼，使人不易看出它的表情。
- 鼻部：鼻端黑色。
- 吻部：门齿剪状咬合。
- 体形：身体比较结实、粗壮，胸围较大，背圆，腰腹粗健，腰部常高于肩部。
- 被毛：被毛坚硬而丰厚，不卷曲，呈波浪形，有绒毛层，光滑而有油质，能防雨淋。被毛有灰色、浅蓝色，有的有白斑。

## 发展历史

古牧犬又称老英国牧羊犬，又名旧种英国牧羊犬、截尾犬、缺尾犬、无尾牧羊犬、古英国牧羊犬等。

古牧犬出生时就缺尾巴。因此，在欧洲大陆就称它为缺尾犬。而老英国牧羊犬这个名字首先出现在盖恩斯巴罗的一幅肖像画中。

犬学家沃森研究认为，古牧犬始于1800年，至今只有200多年的历史。其来源有两种不同的说法，一种说法认为，此犬种是由英国当地的猎犬与俄国高加索的长毛牧羊犬杂交而育成，与高加索长毛牧羊犬为同一个血统。另一种说法认为，此犬种是200多年前，由欧洲牧羊犬被带到英国与当地牧羊犬杂交而成，是一种新的混血犬。

1865年，古牧犬第一次参加了犬展。1888年，建立了古牧犬俱乐部。这个俱乐部的主要工作，不仅要保持这个品种的特性，而且要保持整个品种的纯种，不使其血统杂乱。到了20世纪初，这个品种就已获得很高的声誉，在世界范围内繁育开了。

## 生活习性

古牧犬聪明、机智、勇敢、有耐心，吠叫是它权威性的语言，具有控制羊群的能力。

这个犬种，会服从主人的命令和指挥，对儿童也很友善与宽容。

古牧犬通常作为牧场的守卫犬、牧羊犬、看家犬和引路犬。

由于古牧犬种性情温顺，体姿优美，步态自如，受人喜爱，又被广泛地作为玩赏犬饲养。

## 驯养知识

在饲料中，每天应含肉类500克左右，再加麦片或米面、玉米面等同样分量的素饲料。

肉类要先煮熟，切成小块，加入少量水与素饲料（熟的）调和后喂饲。饲料必须新鲜、卫生。

喂饲要定时定点，限定每次要在15～25分钟内吃完，到时应立即将食槽取走，强迫它养成定时取食的好习惯。每次食后，要为它抹去口吻周围的残食，以保持整洁和美观。

每天应提供清洁的饮用水1～2次，夏天还要增加次数。

食槽等餐具要及时清洗干净，保证清洁卫生。尤其在夏天，不能把上顿吃剩的食物留作下一顿再喂，以防引起疾病。

古牧犬喜爱运动，无论作为看守犬还是作为玩赏犬，每天都应让它外出散步或让它在庭院内奔跑，时间最好是早晨和傍晚各一次，每次30～40分钟。

此犬是一种长毛型的犬，因此，每天要给它梳理被毛。用梳子或硬毛刷，从毛根梳至毛端，反复地梳几次，以使被毛松散柔软，不打结，不使粘物结成团。每次活动以后，要及时清除粘在被毛上的污渍和灰尘。并定期为它修剪脚爪。

在春秋两季，每隔2～3个星期，要为它洗一次澡，夏天要增加洗澡次数，不能做

到天天洗，也应隔天洗一次。每次洗澡后，要及时把毛上的水分擦干，以防感冒。

平时，每隔3～5天，要为它清除一次耳垢和脚趾缝间的污物。并要用温开水为它洗眼，防止患眼病。

刚带回家的幼犬，就要对它进行调教和训练，使它懂得不用牙和爪撕扯衣服、床单等物品。特别要让它养成讲究清洁卫生与定点排便的习惯。

在喂养的过程中，要经常注意观察犬的精神状态、鼻垫的干湿及凉热等情况，一旦出现不正常的情况和患上疾病，应及早诊治。

## 选购技巧与健康指标

1. 在选购前，最好要阅读一些与古牧犬有关的资料，对古牧犬的外型特征和内在特征有个大致的了解。选择时可按标准逐项对照，做到八九不离十

2. 对古牧犬的肩高和体重，应与该品种的标准大致相符，超过或低于标准太多的，不宜入选

3. 头部应呈圆形而不是狭长，头骨要较宽而不可太窄，鼻端要呈黑色而不是浅色，门齿要剪状咬合而不是难以合拢

4. 耳朵要小且紧贴头侧而不应竖起，要有较丰盛的耳毛而不应光秃秃地显露出耳廓

5. 眼睛的颜色应呈暗褐色等较深的颜色或淡蓝色而不应为其他颜色

6. 身体应结实健壮而不瘦弱，胸围应宽大而不狭窄，背和腹部应粗而强壮

7. 腿部有较丰厚的毛，而不能稀疏或光裸，肌肉应饱满、强壮有力而不可瘦弱不堪

8. 被毛要求丰厚，毛长而呈波状。毛色应是蓝色或灰色，但有的可以有白斑。若被毛薄或短，或毛细而卷曲的都不符合本品种的标准

9. 骨骼要粗而坚实，不可选纤细的。站立时，立姿应是端庄而优美的，吠叫声应是响亮的

10. 要向卖主索取本品种犬的饲养管理技术资料、血统证明书，买卖双方签字的转让书，并应要求卖主出具7～14天健康安全保证期书

新手养狗 喂食 洗澡 训练 狗狗乖

# 苏格兰牧羊犬

- **肩高**：小型犬的体高30～41厘米；大型犬的体高51～61厘米。
- **体重**：小型犬的体重6～7千克；大型犬的体重18～29千克。
- **头部**：头部呈长而钝的楔形，头盖平坦，两耳间距适度，并向眼的方向逐渐变窄，额段分明。
- **鼻部**：鼻梁笔直，渐渐变细，鼻端呈黑色。
- **吻部**：口吻较长但不很尖，唇部不下垂，牙齿呈剪式咬合。
- **体形**：胸部稍深，背结实，平直而肌肉丰满，肋骨略为扩张，腰部略呈拱形，腹略内收。
- **被毛**：被毛为双层：上层毛长而粗，下层毛柔软而细密，并有鬃毛。颈部、尾部及腿部的毛丰盛，有绒毛层。短毛的柯利牧羊犬则无绒毛层。被毛有浅黄褐色或三色混合的（黑、白及浅黄褐色），也有蓝灰色的。

Keep a dog

## 发展历史

苏格兰牧羊犬又名喜乐蒂犬、小型苏格兰犬、特兰犬、柯力犬、柯力牧羊犬、设得兰牧羊犬等。

苏格兰牧羊犬因原产于苏格兰东北部的雪特兰岛而得此名。

该犬的祖先，可能含有苏格兰长毛牧羊犬（又名柯力犬）、古老的边界牧羊犬和当地土种犬的血统。

苏格兰牧羊犬原先生活在苏格兰草原。约在1860年时，维多利亚女王在一次旅行中偶尔发现了它，并对它赞美有加，这就大大提高了此犬的知名度，引起了人们的关注和兴趣。

当时的苏格兰牧羊犬称为苏格兰柯力犬，是一个黑绵羊品种的名字。

苏格兰牧羊犬第一次展出是1880年在伯明翰举行的犬展上。后来，曼彻斯特市成为养犬行家们的集中地，英国北部与中部的牧羊犬俱乐部都设在曼彻斯特，短毛柯力牧羊犬俱乐部也建立在曼彻斯特。

1908年，雪特兰岛成立了饲养该犬的俱乐部，不久苏格兰和英国本土也相继成立了苏格兰牧羊犬俱乐部。

1911年，该犬被引入美国后，深受饲养者的欢迎。20世纪30年代，这个品种被冷落，连在英国也很少展出。但该犬与俄国波尔索耶狼犬杂交后，这个品种重新获得了一定的地位。

目前，苏格兰牧羊犬已遍布美国和欧洲各国，它不仅被作为牧羊犬饲养，而且被作为玩赏犬和守卫犬饲养。

## 生活习性

苏格兰牧羊犬聪明伶俐，有较高的智商，活泼好动，富有魅力，容易训练，服从命令。

苏格兰牧羊犬对主人忠诚，但对陌生人存有戒心，警惕性高。它行动敏捷，十分活跃，行走时常呈蹦跳式，步态优美。

苏格兰牧羊犬在历史上是作为农场犬饲养的，用作捕鼠犬。现在已成为有魅力的伴侣犬和守卫犬，能出色地担负起看家的职责。

## 驯养知识

苏格兰牧羊犬是一种比较活泼好动的犬，热能的消耗量比较大，因而喂饲的食物应充足一些。

苏格兰牧羊犬有大型和小型之分，这在食物的喂饲量上，应根据其个体的大小而有所不同。

在每天的饲料中，大型犬需肉类500～600克，小型犬需肉类350～400克。

肉类应先煮熟、切碎，再用等量的干素料（熟的）或饼干（不含糖的）加适量水调和后喂饲。原料特别是肉类，必须新鲜、清洁，食槽等餐具必须经常清洗，犬舍要经常打扫和消毒。

喂饲要定时定点，并限在15～25分钟内取食完毕，到时即把食槽和食物取走，以养成定时定点进食的良好习惯。

每天要喂给干净饮水1～2次，炎夏可增加到2～3次。

苏格兰牧羊犬是一种比较喜欢活动的犬种，所以每天要让它有一定的时间活动，并有足够的运动量。方法是可让它在室内自由地蹦跳，或带它出去溜达。能做到早晚各活动一次最好。

为保持被毛的洁净，每天都要为它梳理被毛，梳去粘在毛上的污物与尘埃。梳理的用具可以用木梳，也可以用毛刷。每次梳过以后，还要用丝缎或毛巾将被毛擦拭一番，使毛更加柔顺而有光泽。

春秋两季，每隔2～3星期应给它洗1次澡；炎热的夏天，应隔1～2天洗1次澡。天凉的季节，在洗完澡后要立即用干毛巾擦干毛上水分。若在冬季，应用电吹风将毛吹干，以防受凉感冒。

每隔3～5天，要为它清除1次耳垢、牙垢、眼屎和脚趾缝中的污垢。还要用浓度为2%的硼酸水洗眼，防止眼炎。脚爪也应隔几天修剪1次。

平时要经常对犬进行调教和训练，训练它服从命令听指挥，不胡乱吠叫，保持清洁卫生，定点排便以及不用爪和嘴撕拉衣物、沙发等。

在喂饲的过程中，要仔细观察它的精神状态，食欲情况，大便的形态及鼻垫的干湿和凉热等，发现有病，应立即采取治疗措施。

## 选购技巧与健康指标

1. 初养者在选购幼犬之前，最好先参阅一些有关苏格兰牧羊犬的介绍资料，初步了解它的外形特征和内在特性，以便在选购时心中有数

2. 幼犬月龄不宜过小或过大，以选2～3个月龄的最合适，这样月龄的幼犬较容易调教

3. 要选购精神饱满、双眼有神、外貌美观、无任何疾病的健壮幼犬，千万不能选同窝中个体最小的犬，因这种犬先天不足，日后难以养好

4. 要选体形基本符合本品种各项特征的，具体要求如下：
①头盖平坦，头如楔形，吻不尖，鼻色黑，门齿剪状咬合
②耳小、眼小，两者皆为深栗褐色
③胸深而背部结实，具有狮形背
④四肢直而强劲有力，脚呈卵圆形，跗关节较低
⑤尾根位置低，尾部长毛如旗状，平时下垂，兴奋时能上扬
⑥有双层被毛：上层毛长而粗；下层毛柔软而细密，胸部、颈部饰毛丰厚
⑦毛色应浅黄褐色、黑白、蓝灰和黑、浅黄褐色、白三色混合
⑧善于奔跑，步态轻盈，灵活、敏捷而自如

5. 确定购买时，一定要向出售者索要该犬品种的血统证书和有关的技术资料，因为这些证书和资料对今后的饲养管理和参加繁育有重要的参考价值。如了解选购对象的父本和母本血统，在配种时可以避免近亲交配，以免繁殖出劣种犬。此外，还应索要预防注射证书，以及买卖双方签字的转让证书等

# 英格兰雪达犬

- 肩高：一般为61~70厘米。
- 体重：一般为25~32千克。
- 头部：头部较圆，从头部到鼻尖均匀逐渐收小。眼睛接近圆形，为深褐色。
- 鼻部：黑色或深褐色。
- 吻部：吻部呈方形。嘴唇不大，门齿钳状或剪状咬合。
- 体形：胸部较深，背稍短而拱起，腹部略微收缩，腰部强壮。
- 被毛：被毛丝状，长5~6厘米，平直而不卷曲，状如羊毛。冬季时，下层绒毛丰盛。胸部、耳部、腹部、四肢后面和尾部都有较长的饰毛。被毛有白底而带蓝花斑的、带橘黄色斑的、带栗色的，或兼有黑、白、栗三色的。如头部或耳部有大花斑，躯干部有重色斑块的为不合格品种。

## 发展历史

英格兰雪达犬又名英国猩、英国塞特犬。

对于英格兰雪达犬的来历,有几种不同的说法,有的认为"雪达犬"的法语名称为西班牙猎犬,因而可以说这种犬的起源与西班牙的长毛垂耳犬有关系;有的认为古代的英格兰雪达犬是由西班牙的猎犬、水猎犬与哄猎犬杂交并经过培育而成;还有的认为英格兰雪达犬的祖先是西班牙猎鹬犬与波音达犬。

现代英格兰雪达犬是由爱德华·拉佛拉克公爵和继承人查理德·珀塞尔·卢埃林经过长期培育而成的。

20世纪70年代以后,卢埃林血统的雪达犬仍然有很高的声誉,并且培育出了一种白底色、并带有蓝黑色的雪达犬。

由于英格兰雪达犬的被毛漂亮、嗅觉灵敏而且脾气好,行动敏捷,所以很受犬迷与猎人们的欢迎。

## 生活习性

英格兰雪达犬性情温和、多情、友好、不畏怯和恐惧。嗅觉特别灵敏,在猎物离开数小时后,仍能嗅出其气味。

英格兰雪达犬活跃、敏捷,精力旺盛,十分耐劳,能经受严寒酷暑。

它有一个不寻常的特点,是用半蹲位向猎人示意猎物的所在地。

英格兰雪达犬在猎犬中,体形较小,外表美丽,加上温顺易驯,所以人们既作可靠的枪猎犬,亦作家庭的看守犬、玩赏犬和陪伴犬来饲养。

## 驯养知识

在每天喂饲的食物中,应含有500克左右的肉类,并加等量的饼干和干素料。

肉类应先煮熟、切碎,然后加适量水与熟干素料一起拌和后喂饲。

肉类要求新鲜卫生,槽、盆等餐具每餐用后应洗刷干净。每顿吃剩的食物,要及时倒掉,不可继续再喂,以防因小失大而导致生病。

喂饲要定时定点,并限在15~25分钟内取食完毕,超过规定时间应把食槽取走,让其养成定点定时取食的好习惯。每天应供给干净的饮水1~2次。

英格兰雪达犬活泼好动,主人不仅每天要带它出去散步,或在院内奔跑跳跃,而且要让它达到一定的运动量。

英格兰雪达犬属长毛垂耳犬类,因此,每天要给它梳理被毛,拭去毛上的污渍和尘埃,并定期为它洗澡。气温高的季节,要增加洗澡的次数。天冷的季节,洗澡后要立即将毛上的水分擦干,以防受凉而患感冒。

洗澡时,要注意不要将洗澡水灌入耳朵,外耳道上若被水浇潮,要立即用棉花球擦干。

平时每3~5天为它清除一次耳垢、齿垢和眼屎,并用浓度为2%的硼酸水洗眼,以防眼炎。还要定期修剪脚爪。

对于幼犬,从小就要给予调教和训练,让它养成不乱撕咬家中的门帘、沙发、衣服,定点排便,以及服从主人命令和指挥的习惯。

在饲养过程中，要经常关注犬的精神状态、行为举止是否正常，食欲是否减退，大便形态是否有变化，鼻垫是否保持润湿、温度是否正常等，以掌握它的健康情况，发现有病，就要及时给予治疗。

## 选购技巧与健康指标

| | |
|---|---|
| 1 | 选购前，应先看一些有关英格兰雪达犬的资料或书籍，初步掌握英格兰雪达犬的外部形态和内在特性，免得在选购时无所适从，甚至误选不合格的品种 |
| 2 | 英格兰雪达犬的肩高，不应超过70厘米，因幼犬还未发育完全，应选60厘米左右为合适；体重应不超过32千克 |
| 3 | 头部要较狭长，吻部要略呈方形，额段要明显，门齿应是钳状或剪状咬合；鼻端应是黑色或深褐色 |
| 4 | 耳朵应较大而悬垂、紧贴面额，耳根位置应较高。眼睛应稍呈圆形，大小要适中，为深褐色 |
| 5 | 被毛长不低于5厘米，丝状且呈波浪形。颜面部的毛应比较短 |
| 6 | 尾巴应与背在同一条线上，不卷曲，略弯或近似军刀形，并且平举，长饰毛舒展成羽状 |
| 7 | 被毛不宜单色，应以白的底色为佳；耳朵、尾部及四肢的后面有美丽的装饰毛 |
| 8 | 眼睛应炯炯有神，富有感情和生气，行动敏捷机灵，且体表较优雅 |
| 9 | 若头部大，行动迟缓，耳毛颜色不鲜明的，都不符合本品种应具有的特征，不宜选取 |
| 10 | 选购定夺后，不要忘记向卖主索取该犬的血统证明书及防疫注射等证书，特别是7～14天的健康安全保证期书，因为有了这种证书，购回后若发现有病，可有理由提出退换 |

# 阿富汗猎犬

- 肩高：成年雄性为68～74厘米，雌性为61～68厘米。
- 体重：成年雄性为27～35千克，雌性为23～30千克。
- 头部：头部高扬，头型长、直而狭窄，呈长条形，额颅微凸。
- 鼻部：鼻端黑色或棕色。
- 吻部：吻部较长，牙齿坚硬呈钳式咬合。
- 体形：胸部较深，腹部略微向上收缩，背部平直而修长。尾根较低，尾细而长。四肢长，脚趾有长毛披覆。
- 被毛：被毛长，呈丝状，丰厚密实，很柔软，具有光泽。背、肩、肋骨上部及腹部的被毛短而密，头部两侧饰毛最长，身体两侧和前、后肢的毛长而浓密，耳朵及尾部长有大量饰毛。头顶丝状饰毛很长，可梳成顶髻，色泽亮丽。被毛主要是金黄色，也有白色、褐色或黑色。

## 发展历史

阿富汗猎犬又名阿富汗猩、阿富汗犬、阿富汗猎狗。

阿富汗猎犬原产于阿富汗西奈山。西奈山就是圣经《旧约全书》中记载耶和华将十诫传给摩西的西奈山。这给此犬增加了一层神秘的宗教色彩。在古埃及的陵寝和阿富汗北部的岩石上，都曾发现过距今5000～6000年历史的阿富汗猎犬的绘画和雕刻。

在公元前6世纪遗留下来的工艺品中，也能看到这种犬当时的风貌。

阿富汗猎犬最初用作于狩猎，常与猎鹰的名字联在一起。在那个年代，这种犬是不允许输出的。1888年，一位名叫麦肯齐的陆军上校，偷偷带走了一对阿富汗猎犬，并被牧羊人用来看管羊群。

到了1897年，阿富汗猎犬开始流传到欧洲。英国的华狄力将描绘此犬的图，刊登在《原野》杂志上。接着法国油画家马勒也描绘了阿富汗猎犬，并刊登在名为《犬》的杂志上。后来，德国出版的《犬的品种》一书上，也有一幅阿富汗猎犬的图像。

1907年，阿富汗猎犬开始在英国伦敦犬展上展出，从这以后，这种犬成了英国爱德华七世王妃的爱犬。1926年，英国养犬俱乐部正式承认阿富汗猎犬为一个独立的品种犬。

## 生活习性

阿富汗猎犬聪慧活泼，精力旺盛，高贵自尊，稳重而不胆怯，勇敢顽强，高贵而不傲慢，威严却又深情。

阿富汗猎犬对主人忠诚，有很高的警觉性；对陌生人猜疑，但无敌意。

阿富汗猎犬原是猎犬，因而行动敏捷，步态轻快，人们大多作看家犬饲养。

阿富汗猎犬由于聪明，可塑性好，容易训练，因而也有公园或马戏团作展出犬和表演犬使用。

## 驯养知识

阿富汗猎犬个体大、好活动,所以要适当增加食物。在喂饲的食物中,每天需供肉类或肉制品500～600克,并加等量饼干或熟的干素料。

喂饲前,要先将肉煮熟切碎,然后加适量水与熟的干素料调匀喂饲。每天还要喂干净饮水2～3次。

喂食应定时定点,并规定在15～25分钟内吃完,超过时间即将食盆收去,以养成它定时进食的良好习惯。

饲料要新鲜、干净,切不可喂陈腐或变质的食物,尤其在夏天,不能将前一天或上顿吃剩的食物拿来再喂,一定要保持每顿都喂新鲜的食物,以防患上肠炎或中毒。食盆等餐具每天都要洗刷干净,不能长期不洗涤。

在饲料中,还应增加一定数量的鱼肉,这样可以使犬的毛光滑柔顺,保持犬的外观俊美。

阿富汗猎犬的祖先是一种猎犬,生性好动,因而每天都应带它外出散步、奔跑、跳跃,以保持活泼健康的体态。每天活动之后,要为它梳理被毛,刷去身上的尘埃和污垢。

要保持身体的清洁,定期给予洗澡。除炎炎夏日之外,每次洗澡后,都要及时

用电吹风把毛上的水分吹干，防止感冒。

每个星期要为它清除耳垢、齿垢和眼屎，修剪脚爪。还要用浓度为2%的硼酸水为它清洗眼睛，以免患上角膜炎。

平时要经常对它进行训练，养成不撕咬衣物、沙发的习惯。保持被毛洁净，能服从主人指挥，特别是定点排便的好习惯，不能让它养成傲慢、懒惰和不爱干净、邋邋遢遢的坏习惯。

在日常喂饲中，要留心观察犬的动态，如犬的精神状态、食欲、大便形态、鼻垫干湿和温度等情况，发现有不正常情况和患病迹象，应及时采取措施对症治疗。

## 选购技巧与健康指标

| | |
|---|---|
| 1 | 在选购前，最好先参阅一些有关阿富汗猎犬的介绍资料，对它的外形特征及其特性，有个大体的概念 |
| 2 | 在选购时，要按照该犬的标准逐项进行察看，力求选回符合标准的幼犬 |
| 3 | 肩高在61～74厘米之间；体重在23～35千克之间 |
| 4 | 头型要属长条形，长、直而狭窄，并常常高昂。额颅要稍凸，鼻色要为褐色或黑色 |
| 5 | 吻部要较长，颌部要强壮有力，牙齿要坚硬且呈钳状咬合 |
| 6 | 耳朵要长而悬垂，头顶的毛应掩盖着耳朵且披在肩上；眼睛要色黑而炯炯有神 |
| 7 | 体形要较匀称，颈部要常高伸且有力，胸部要较深，腹部要略微向上收缩 |
| 8 | 四肢应较长而健壮，前肢较直，后肢肌肉发达，脚大而宽阔，足趾有较长的饰毛披覆 |
| 9 | 毛应较干厚而密实，很柔软，像丝一样有光泽。头部两侧还有很长的饰毛 |
| 10 | 身体的两侧和前、后肢也有长而浓密的毛；耳朵和尾巴以及头顶都有长而光顺的毛。背部和肩部的毛较短 |
| 11 | 阿富汗猎犬有白色、金黄色、褐色和黑色等几种，不应该有其他颜色的毛，否则就不是纯种 |
| 12 | 行走时的步态，应轻松自如，且能敏捷地奔跑，行动迟钝的属不健康之列 |

# 第四章

## 狗狗常见疾病防治

## 狗狗容易患哪些寄生虫病？

狗狗易患的寄生虫病有多种，常见的有：绦虫病、钩虫病、鞭虫病、蛔虫病、肝吸虫病、旋毛虫病、犬疥螨病、眼虫病、黑热病、恶心丝虫病、球虫病、肺吸虫病、弓形虫病、犬蚤、犬虱等。由于这些寄生虫病不仅对犬的生长发育和健康有影响，而且有些寄生虫还会感染到人的身上，因而，一旦查明狗狗患有某种寄生虫病，就应积极为狗狗进行驱虫治疗，不能拖延和不以为意。

### ◆ 绦虫病有什么症状？如何诊断和防治？

**症状：便秘、下痢、腹痛、呕吐、贪食、异嗜**

绦虫是寄生在狗狗小肠内的寄生虫，对狗狗的健康危害很大。

**症状**

狗狗的这种寄生虫病，可从口或皮肤感染。临床上表现为便秘、下痢、腹痛、呕吐、贪食、异嗜等症状交替发生，进而引发贫血、消瘦、易激动、精神沉郁、痉挛或四肢麻痹，虫体成团时，可堵塞肠管，导致肠梗阻、肠套叠，甚至肠破裂等急腹症。

**预防**

平时要注意狗狗的清洁卫生，消灭传染源。狗狗外出时要戴上口罩，防止狗狗取食带有绦蚴的未煮熟的动物脏器。保持狗狗身体和犬舍清洁，经常用杀虫剂杀灭狗狗身体上的蚤和虱，消灭犬舍周围的啮齿动物。

**治疗**

用吡喹酮3.5～7毫克/千克体重，1次口服。或氢溴酸槟榔素1.5～2.5毫克/千克体重，1次口服。

### 钩虫病有什么症状？如何诊断和防治？

症状：消瘦，被毛粗刚而无光泽、易脱落，食欲减退，异嗜

钩虫病是狗狗比较多发而且危害严重的线虫病。钩虫主要寄生在狗狗的十二指肠内。多发于夏季，狭小、潮湿的犬舍最易发生钩虫病。此病的起因是狗狗直接接触了钩口线虫而感染，引起消化功能紊乱等一系列的疾病。

#### 症状

成年狗狗感染少量钩虫体时，不显症状，幼犬严重感染时，即出现黏膜苍白，消瘦，被毛粗刚而无光泽、易脱落，食欲减退，异嗜，呕吐，消化障碍，下痢和便秘交替发作。粪便带血或呈黑色。严重时可如柏油状，并带有腐臭气味。幼犬可出现皮肤发炎、奇痒、破溃，以及口角糜烂等，直至严重贫血而昏迷甚至是死亡。

#### 预防

犬钩虫病多发于夏季，如犬舍潮湿不通风更易发生。平时必须保持犬舍干燥，及时清除粪便。若是木笼舍，可用开水烫浇，铁制部分或地面可用喷灯喷烧。能搬动的用具，可移到室外阳光下暴晒，以杀死虫卵。

#### 治疗

用浓度为4.5%的碘硝酚注射液，10毫克/千克体重，作皮下注射，对各种钩虫的驱虫效果近乎100%。给药时不必禁食，不会引起应激反应。也可用于幼犬。

### 🦴 鞭虫病有什么症状？如何诊断和防治？

**症状：慢性肠炎、患病的狗狗粪便中可查出大量虫卵**

鞭虫病是由狐毛首线虫寄生于狗狗盲肠而引起的，主要危害幼犬，严重感染可致狗狗死亡。

**症状**

一般感染不呈现临床症状，严重感染时，由于虫体头部深深钻入黏膜内，则会引起急性或慢性肠炎。因虫体吸血，可导致患病的狗狗贫血。患病的狗狗粪便中可查出大量虫卵，盲肠内可查出大量虫体。

**预防**

做好犬舍的清洁卫生工作，因该虫卵有对干燥敏感的特性，保持狗狗清洁干燥，可减少感染机会。预防效果极好。

**治疗**

奥克太尔为驱除鞭虫的良药，2毫克/千克体重，口服。或用甲苯咪唑20毫克/千克体重，口服，每天2次，连喂3～5天。

### 🦴 蛔虫病有什么症状？如何诊断和防治？

**症状：癫痫性痉挛、幼犬腹部膨大、发育迟缓**

此病是由犬蛔虫和狮蛔虫寄生于狗狗小肠和胃内而引起的，主要危害1～3月龄的幼犬，影响仔犬的生长和发育，严重感染时可导致幼犬死亡。

**症状**

幼犬感染此病后，会逐渐消瘦，黏膜苍白，缺乏食欲，呕吐，异嗜，消化障碍，先下痢而后便秘。有时可出现癫痫性痉挛、幼犬腹部膨大、发育迟缓。感染严重时，呕吐物和粪便中常有蛔虫出现。

**预防**

做好环境、食槽、食物的清洁卫生工作，特别要及时清除粪便，并进行发酵等消毒处理。幼犬每月检查一次，成年犬每季检查一次，发现有寄生虫病，立即进行驱虫治疗。

第四章 狗狗常见疾病防治

### 治疗

用左旋咪唑10毫克/千克体重，口服。或用甲苯咪唑10毫克/千克体重，每天服2次，连服2天。或用枸橼酸派嗪100毫克/千克体重，口服。

## 肝吸虫病有什么症状？如何诊断和防治？

症状：消化不良、下痢、消瘦、黄疸

肝吸虫病的病原体主要为中华支睾吸虫，寄生于胆囊及胆管内。此病在我国南方各省流行最为严重。

### 症状

此病在以生鱼、生虾喂食的狗狗中最易发生。临床上出现消化不良、下痢、消瘦、贫血、黄疸、水肿等症状时，可疑为此病。采用水洗沉淀法或甲醛乙醚沉淀法进行粪便检验，发现虫卵，即可确诊。

### 预防

若在疫区，应禁止以未煮熟的鱼虾喂犬。

### 治疗

确诊为此病后，应使用吡喹酮50~75毫克/千克体重，1次口服。或用六氯对二甲苯，口服量为50毫克/千克体重，每天1次，连用10天。

## 旋毛虫病有什么症状？如何诊断和防治？

**症状：发热、肌肉疼痛、水肿**

旋毛虫病是一种重要的人兽共患寄生虫病，有100多种动物可感染上这种病，包括肉食动物、杂食动物、啮齿动物和人类。家畜中主要以猪和狗感染者最多。在我国东北三省旋毛虫感染率最高。

### 症状

患上这种病的狗狗，临床表现为发热、肌肉疼痛、水肿。但自然感染的狗狗症状较难发现，生前诊断较困难。但采取肌肉做活体检查或用酶联免疫吸附试验以及用间接血凝试验，可查出此病。

### 预防

关键是搞好卫生，消灭鼠类，若有已死亡的动物，应将其尸体烧毁或深埋。禁止随意抛弃动物尸体和内脏。对检出有旋毛虫的尸体，应按规定处理。

在已出现该病的地区，喂狗狗的生肉必须经过卫生检验，证明无旋毛虫才可喂饲。

### 治疗

可用阿苯达唑治疗。用量每日按25～40毫克/千克体重，分2～3次口服，5～7天为一个疗程。

## 犬疥螨病有什么症状？如何诊断和防治？

**症状：皮肤发红、出现红色小结节，接着变成水泡**

犬疥螨病又叫犬疥癣，是由犬疥螨或犬耳痒螨寄生所致，其中以犬疥螨危害最大。此病广泛分布于世界各地，冬季为多发季，常见于皮肤卫生条件很差的狗狗。

### 症状

犬疥螨病以幼犬症状最为严重。此病先发生于鼻梁、颊部、耳根及腋间等处，后扩散至全身。起初皮肤发红、出现红色小结节，接着变成水泡，水泡溃破后，流出黏稠黄色油状渗出物，干燥后形成鱼鳞状痂皮，患部剧痒，患病的狗狗常以爪抓挠患部或在地面以及各种物体上摩擦，因而出现严重脱毛。

耳痒螨寄生于狗狗的外耳部，使耳脂和淋巴液大量外溢，接着发生化脓、剧痒，使患病的狗狗不停地摇头、抓耳、吠叫，在器物上摩擦耳部，甚至引起外耳道出血，后期可能蔓延头部及其他部位。

### 预防

1. 犬舍要经常打扫，定期消毒，饲养狗狗的各种用具、餐具也应定期进行消毒。

2. 犬舍应设在宽敞、干燥、通风良好的环境中。

3. 对外来犬要加强检疫，防止带入患病的狗狗传染。

4. 患病的狗狗要隔离饲养，对已治疗痊愈的狗狗，也应隔离几个星期后，才能和健康的狗狗混养。

### 治疗

犬疥螨病应先用温肥皂水刷洗患部，除去污垢和痂皮，再用浓度为 $5 \times 10^{-5}$ 的溴氰菊酯溶液（商品名为倍特的5%溴氰菊酯乳油）进行涂擦。或用浓度为 $1.25 \times 10^{-4} \sim 2.5 \times 10^{-4}$ 的巴胺磷溶液（商品名为赛福丁）涂擦。

治疗狗狗耳痒螨时，应先向耳内滴入液状石蜡，轻轻按摩，以溶解并消除耳内的痂皮，再用研细的雄黄10克、硫黄10克和烧开的豆油100毫升调和，冷却后进行涂擦。

在治疗的同时，应以上述杀螨药彻底消毒犬舍和用具，每隔3~5天消毒1次，连续消毒3~4次即可消灭犬螨幼虫。

## 眼虫病有什么症状？如何诊断和防治？

**症状：结膜充血，眼球湿润，怕光流泪**

眼虫，就是结膜吸吮线虫，寄生于眼结膜囊和瞬膜下，为乳白色的细小线虫，有7～17毫米长，靠蝇类作为中介寄生传播，一般在春、秋季气温适中阶段较易发生。

### 症状

初发眼虫病时，可见结膜充血，眼球湿润，怕光流泪。中期，有黏性分泌物流出，结膜囊和瞬膜下出现密集的谷粒状小囊泡。患病的狗狗不时用爪子抓蹭眼睑部，并反复摩擦颊额部，上下眼睑频频启闭，眼球明显凹陷，角膜浑浊。后期，眼睑黏液，视力减退，形成溃疡。

### 预防

1. 注意不让自家狗狗与外界生病的狗狗接触。
2. 对犬舍应经常打扫，保持环境清洁、干燥、通风、透光，并定期进行清理消毒。
3. 平时每隔5～7天，以消毒脱脂棉蘸取浓度为2%的硼酸水为狗狗洗眼，在周围有狗狗感染发生此病时，应增加洗眼次数，每隔1～2天洗一次。

### 治疗

用去掉针头的注射器抽取浓度为5%的盐酸左旋咪唑注射液2毫升左右，徐徐滴入患病的狗狗眼角内，再用手轻轻揉一会儿，然后翻开上下眼睑，用镊子夹起灭菌湿纱布或棉球轻轻擦拭黏附眼内的虫体，直至全部清除干净，再用生理盐水缓慢地反复冲洗患眼，并用药棉吸干，最后涂上四环素眼膏或红霉素眼膏。

## 黑热病有什么症状？如何诊断和防治？

**症状：病发时有缺乏食欲、精神萎靡、消瘦、贫血及嗓音嘶哑等症状**

黑热病是由寄生在犬内脏的杜氏利什曼原虫引起的人兽共患的慢性寄生虫病。因传染源的不同，黑热病可分为三种类型：人源型、犬源型和野生动物源型。

其中以犬源型最多，该型黑热病多见于丘陵山区，分布于青海、宁夏、甘肃、川北、冀北、陕北、辽宁和北京等地。

### 症状

此病有数周、数月，甚至一年以上的潜伏期，早期没有明显症状，晚期则常出现皮肤损害，表现为脂毛、皮脂外溢、结节和溃疡。病灶以头部五官各处最为明显。病发时有缺乏食欲、精神萎靡、消瘦、贫血及嗓音嘶哑等症状，最后可致死亡。

### 治疗

治疗可用锑制剂，如葡萄糖酸锑钠。

### 预防

1. 此病若已流行，应立即对犬类进行管理，定期进行检查，发现患上此病的，除特别珍贵的犬种须作隔离治疗外，其他患病的狗狗应扑杀为宜。

2. 在流行季节，可使用菊酯类杀虫药定期喷洒犬舍及犬体。

## 恶心丝虫病有什么症状？如何诊断和防治？

**症状：呼吸困难、运动虚脱、心律不齐、贫血**

犬恶心丝虫病是丝虫科犬恶心丝虫引起的一种寄生虫病。该寄生虫寄生于犬心脏的右心室及肺动脉中，从而引起此病。

### 症状

早期症状是慢性咳嗽。运动时加重或易疲劳，病情发展后，可有呼吸困难、运动虚脱、腹部积水、胸腔积水、肝硬化等症状。其中较明显的症状为循环障碍、心律不齐、贫血。重者全身衰弱，运动时虚脱死亡。

### 预防

1. 防止狗狗被蚊子叮咬。
2. 在蚊虫出现前的春季，可用枸橼酸乙胺嗪2.5毫克/千克体重，每日1次，拌入食物中喂2个月。

### 治疗

在蚊虫季节结束3个月后应驱虫两次。用1%硫乙胂胺注射液，1毫克/千克体重，静脉注射，每日2次，连续注射2日。可消灭进入心脏的未成熟虫体。

## 🦴 球虫病有什么症状？如何诊断和防治？

**症状：食欲减退、有微热、排便稀且混有血液**

此病广泛传播于犬群中，在高温潮湿季节，常可迅速流行。多发于幼犬。

此病系由艾美耳科等孢子球虫及二联等孢子球虫感染引起的一种犬小肠和大肠黏膜出血性炎症的疾病。

### 症状

1~2月龄幼犬发病率高，得病后生长停滞、消瘦、黏膜苍白、食欲减退、有微热、排便稀且混有血液，有的还有呕吐症状。幼犬可因极度衰竭而死亡。成年犬病程可延长至3~5周，然后可自然康复。

### 预防

对犬舍要经常打扫，并定期进行消毒。在母犬分娩前1~2个星期时，可喂服氨丙啉溶液进行药物预防。发现患病的狗狗应单独隔离饲养。

## 治疗

可用磺胺类药物,如磺胺间甲氧嘧啶50毫克/千克体重,口服,连用7天。或磺胺二甲嘧啶55毫克/千克体重,加甲氧苄啶10毫克/千克体重,加入水或饲料中,每天2次,连用5天。如出现呕吐等不良反应,应停止使用。对严重脱水的可补液,对血便严重的可用维生素K治疗。

## 肺吸虫病有什么症状?如何诊断和防治?

**症状:咳嗽、咯血、气喘、发热和腹泻**

此病在我国分布甚广,据报道已有20多个省、市、自治区出现病例。其主要病因系由病原体中华支睾吸虫寄生于狗狗的胆囊及胆管所引起的。

### 症状

临床症状为咳嗽,并可伴有咯血、气喘、发热和腹泻,粪便呈黑色。

### 治疗

用吡喹酮驱虫,用量为50毫克/千克体重,口服,连用3~5天。也可用硫氯酚,用量为100毫克/千克体重,口服,每日或隔日给药,以10~20日为一个疗程。

### 预防

在此病流行地区,应禁止用新鲜的蟹或蝲蛄作为狗狗的饲料。

## 弓形虫病有什么症状？如何诊断和防治？

症状：发热、咳嗽、厌食、虚弱

此病是一种世界性分布的人兽共患原虫病，在家畜和野生动物中广泛存在。我国各地也已报道有此病的发生。

### 症状

此病多为无症状的隐性感染，以幼年犬、青年犬较易感染，且较严重，成年犬也有致死的病例。

症状类似瘟热、犬传染性肝炎。主要表现为发热、咳嗽、厌食、精神萎靡、虚弱、眼鼻有分泌物、黏膜苍白、呼吸困难或发生剧烈的出血性腹泻。也有出现剧烈呕吐、麻痹和其他神经症状的。

怀孕母犬可发生流产或早产，所产犬仔往往出现排稀便、呼吸困难和运动失调等症状。

### 预防

1. 不让狗狗捕食啮齿类动物。
2. 防止狗狗接触猫。
3. 避免猫粪污染狗狗的饮水和饲料。
4. 禁止以生肉喂狗狗。

### 治疗

1. 对急性感染的患病狗狗，可用磺胺嘧啶，用量为70毫克/千克体重，每天2次口服，连用3～4天。
2. 或用甲氧苄啶14毫克/千克体重，每天口服2次，连用3～4天。
3. 由于磺氨嘧啶溶解度较低，容易在尿中析出结晶，内服时应配合等量碳酸氢钠，并增加饮水。

## 感染上跳蚤有什么症状？如何诊断和防治？

**症状：皮肤奇痒难受，常用力地抓搔**

跳蚤是一种吸血性体外寄生虫，犬若感染上此虫，不仅会影响正常生活，而且因跳蚤的传播会传染上其他疾病。

### 症状

滋生跳蚤的狗狗，皮肤奇痒难受，常用力地抓搔，不能很好地休息，引起食欲降低、体重减轻。皮肤损伤后，还会引起溃疡化脓。

舍及其他用具如犬舍的铺垫物要经常更换或消毒，换下的铺垫物应彻底烧毁。

### 治疗

一般的杀虫剂，均可杀灭跳蚤的成虫，但跳蚤卵具有很强的抗药性，必须连续喷洒数次，每周1次，连续喷1个月。

对皮肤擦伤的狗狗，要清创、消毒和防感染。

对剧痒不止的狗狗，可用地塞米松和苯海拉明注射止痒。

### 预防

平时要注意犬体卫生。经常为狗狗洗澡，多为狗狗梳理被毛，让狗狗多晒太阳，是防止蚤害的有效措施。

另外，可采用防蚤项圈。这种项圈里面含有杀蚤药，项圈上有许多小孔，药物可以从小孔散布犬体，对跳蚤有杀灭或驱除作用。对狗狗的活动区域或犬

## 巴贝斯虫病有什么症状？如何诊断和防治？

**症状：精神沉郁，喜卧厌动**

巴贝斯虫是一种血液原虫病，这种虫的虫体很小，有多种形状，如圆尖形、椭圆形、环形、杆子形，还可见到有十字形的四分裂虫体和成对的小梨籽形虫体。常寄生在红细胞中，每个细胞可寄生一个或多个虫体。

此病大多由长角血蜱或血红扇头蜱传染。（蜱，俗称壁虱）

### 症状

患病的狗狗表现为精神沉郁，喜卧厌动，活动时身躯摇晃，可发高热至40～41℃。持续3～5天后有5～10天体温正常期，此后又呈不规则的间歇发热。出现渐进性贫血、结膜、黏膜苍白、缺乏食欲、明显消瘦、脾、肾肿大且疼痛。尿呈黄色或暗褐色，部分狗狗可见鼻流清液、呕吐、眼有分泌物等。

### 预防

1. 在已出现此病的地区，要积极做好对犬体的防蜱、灭蜱工作。

2. 犬体灭蜱，可用杀虫药，如用溴氰菊酯溶液，浓度为25毫克/升，每隔7～10天喷淋犬体1次。

3. 对患病的狗狗要尽量做到早发现、早诊断、早治疗。

4. 发现病例后，可用三氮脒（即贝尼尔）的治疗剂量对其他健康犬进行药物预防。

### 治疗

1. 用蒿甲醚，剂量为7毫克/千克体重，肌肉注射，每天1次，连用2天。

2. 或用磷酸伯氨喹，剂量为0.8毫克/千克体重，同时配合应用复方磺胺林，剂量为28毫克/千克体重，口服，每天1次，连用2天。

3. 或用贝尼尔，剂量为5毫克/千克体重，肌肉注射，每天1次，连用2天。

# 常见传染病的防治

狗狗易患的传染性疾病，包括传染性肝炎、结核病、狂犬病、破伤风等，这些疾病不仅给狗狗的身体带来很大伤害，也在精神上折磨着它，而且有些疾病还会通过狗狗传染给人类，一定要及早发现，及早治疗。

## 狂犬病有什么症状？如何防治？

狂犬病又称疯狗病、恐水病，是由狂犬病病毒引起的一种死亡率极高的人畜共患急性传染病。人和动物常因被患病或带病毒的动物咬伤而患此病，所以一定要注意狂犬病的免疫。

此病的潜伏期长短不一，短的为15天左右，长的可达数月或1年以上。潜伏期的长短和感染病毒的深浅、部位有关。

狂犬病的病毒主要存在于病畜的脑组织及脊髓中，患病狗狗的唾液腺和唾液中也含有病毒，因此，当动物被咬伤后，就可感染发病。要特别注意的是：有些外表健康的狗、猫等动物，其唾液中也含有病毒，当它们舔了人或其他动物的伤口，或和人生活在一起时，也可使人感染发病。

### 症状

临床上，患病的狗狗表现为狂暴不安和意识紊乱。病情初发时，表现为精神沉郁、举动反常。例如，喜躲藏在阴暗处，不听从主人使唤，乱吃木屑、碎石、泥土等反常行为，并常以舌舔咬伤处。不久，就开始狂暴不安，攻击人畜，常无目的地乱走乱跑。接着，外观逐渐消瘦，下颌下垂，尾巴垂入两腿之间，声音嘶哑，流涎增多，吞咽困难。

及至后期，患病的狗狗出现全身麻痹症状，行走困难，最后衰竭瘫痪，呼吸麻痹而死。

## 预防

1. 家养的狗狗，必须定期进行预防接种。

2. 要加强检疫。未注射疫苗的狗狗入境时，除应加强隔离观察外，必须及时补注疫苗，否则禁止入境。

3. 对刚被咬伤的狗狗，要及时治疗。用肥皂水充分冲洗创口，然后用0.1%升汞液或酒精、碘酒等处理，并在创口周围分点注射狂犬病免疫血清，用量为1.5毫升/千克体重，在72小时内注完。

4. 若人被咬伤，应迅速以浓度为20%肥皂水彻底冲洗伤口，并用浓度为3%的碘酒处理。还要及时接种狂犬病疫苗，按第1天、第3天、第7天、第14天、第30天后各注射1次，至

第40天、第50天再加强注射1次。

## 治疗

对于此病主要着眼于预防，包括被咬时及时采取的措施，一旦感染病发，至今尚无药可治。

### ♦ 传染性肝炎有什么症状？如何防治？

狗狗传染性肝炎是由犬腺病毒 I 型引起的一种急性败血性传染病。此病可发生于任何季节，也可发生于任何年龄的狗狗，但最常见于1岁以下的幼犬，尤其以刚断奶的幼犬发病率和死亡率最高。

此病的传播途径主要在消化道，患病狗狗的各种分泌物、粪便和尿液中均有病毒。

## 症状

传染性肝炎病可分为呼吸型和肝炎型两类。

呼吸型传染性肝炎患病狗狗的潜伏期为5~6天，体温升高到39~41.1℃，持续1~3天，脉搏、呼吸加快，干咳无痰，流浆液性或脓性鼻涕，扁桃体肿大并伴有咽喉炎。患病的狗狗精神萎靡，缺乏食欲，肌肉震颤，时有呕吐，粪便稀薄，并带有黏液。

肝炎型传染性肝炎患病狗狗主要

表现为消化道症状。轻症病例仅见缺乏食欲,精神沉郁,体温可能稍高。重症病例则食欲废绝,频频饮水,体温可高达40℃以上,随后降至常温以下,呕吐、腹泻、粪便带血,且可能流血不止。

传染性肝炎的病程较短,患病的狗狗发病后两周内康复或死亡,死亡率一般为10%～25%。

成年犬大多能挺过,挺过后可产生较强的免疫力。恢复期内,有少数狗狗可能有眼角膜病,造成角膜损伤而导致永久性视力障碍。

### 预防

1. 不要盲目由国外和外地引进犬畜,以防病毒传入。

2. 由外地新购进的狗、猫等动物,必须隔离饲养较长一段时间,经检查证明确无携带病毒后方可混合饲养。

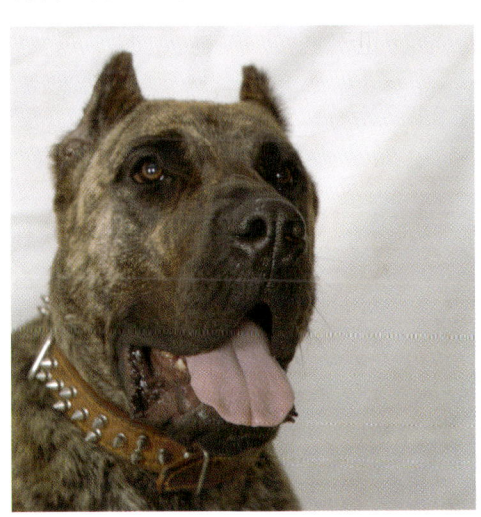

3. 患病后康复的狗狗也应单独饲养,须经半年后再做检查,证明不带病毒后方能混合饲养。

4. 定期用多联疫苗给狗狗做健康免疫注射。

### 治疗

1. 在发病初期,用传染性肝炎高免血清治疗,有一定作用。一旦出现明显的临床症状,即使使用大剂量的高免血清也很难有治疗效果。所以对此病主要是预防。

2. 对严重贫血的症例采用输血疗法,有一定的作用。

3. 此病的康复,采用静脉补葡萄糖、补液及三磷腺苷、辅酶A有一定作用。

4. 全身应用抗生素及磺胺类药物可防止继发感染。

5. 对患有角膜炎的狗狗可用浓度为0.5%的利多卡因和氯霉素眼药水交替滴眼。

## 破伤风有什么症状？如何防治？

破伤风是由破伤风棱菌的特异性嗜神经性毒素引起的一种毒血症。破伤风棱菌是厌氧的革兰阴性杆菌，形似球拍状，有周身鞭毛，无荚膜，可运动。该菌能产生两种毒素，一种是痉挛毒素，可引起典型的神经症状；另一种是溶血毒素，能使红细胞崩解，导致局部组织坏死。

该病由创伤感染，尤其是在创伤深、创口小、创腔内具备无氧条件下，易导致细菌繁殖而产生毒素。该菌的芽孢抵抗力强，煮沸10～15分钟、用浓度为5%的苯酚浸泡15分钟或者用浓度为3%的福尔马林浸泡24小时才能杀死。

### 症状

该病的潜伏期长短不一，受伤部位越接近中枢神经，发病越迅速，一般在感染后5～8天发病。患病狗狗主要表现为骨骼肌的强直性痉挛及反射兴奋增高。

痉挛症状常由头部开始，颈部肌肉强直，第二眼睑脱出，眼球上翻，开口障碍，紧闭牙关，咀嚼困难，耳僵硬竖立互相靠拢，尾举起，四肢僵直，呈木马样姿态。

患病狗狗反射性兴奋增加，对声、光等刺激敏感，体温不高，有食欲，不久即陷入呼吸困难而死亡。

病程差异很大，比较严重的病例可在2～3天内死亡。较轻的病例大多在出现症状后3～10天内死亡。康复期可持续很长时间，有的4～6周后仍有运动不灵活及肌肉僵硬的症状。

大多数病例预后不良，因进食困难，造成营养不良，衰竭死亡。只局部强直的狗狗，预后良好一些。

### 预防

1. 此病应着重预防狗狗发生外伤，一旦出现外伤，应及时进行消毒处理。

2. 当狗狗受到较深的创伤后，应尽快注射破伤风类毒素，以增强犬机体的主动免疫力。

### 治疗

1. 该病应注重及早发现、及早治疗，中、后期治疗往往收效不大。

2. 治疗时，应及时清创和扩创，用浓度为3%的过氧化氢冲洗伤口，然后用5%～10%碘酒消毒，再用抗毒素局部注射，同时配用镇静剂、抗生素等。

3. 清创后，创口内散敷碘仿碘胺粉。伤口应任其暴露，忌包扎。

4. 肌肉或静注破伤风抗血清3万～5万单位/千克体重，每日1次，连续3日。

5. 镇静解痉：氯丙嗪5毫克/千克体重。

## 结核病有什么症状？如何防治？

结核病是结核分枝杆菌引起的一种人、畜、禽共患的慢性传染病。狗狗对人型和牛型结核杆菌较敏感，在机体多种组织内形成肉芽肿和干酪样钙化灶为特征。

患病的狗狗能在整个病期随着痰、粪、尿、皮肤病灶分泌物排出病源。因此，这种病对人有很大的威胁。

结核分枝杆菌，对干燥和湿冷的抵抗力较强，而对高温的抵抗力较弱。

### 症状

结核病常缺乏明显的临床表现和特征性症状，只表现出逐渐消瘦、体躯衰弱、易疲劳、咳嗽（干咳或有痰咳）。

肠结核时，出现反复腹泻，食欲明显降低。淋巴结核则以浅表淋巴结肿大为特征。肠系膜淋巴结发生结核肿大明显时，可严重影响消化。

狗狗的皮肤结核多发于喉头和颈部，病灶外观为边缘不整的肉芽组织溃疡。

### 预防

1. 对所养狗狗要定期进行结核病检疫，发现开放性结核病的狗狗应立即治疗。

2. 结核菌阳性的狗狗，不能和健康犬混养。

3. 对犬舍及狗狗经常活动的地方要进行严格的消毒，严禁结核病人饲养和管理狗狗。

### 治疗

1. 异烟肼，5毫克/千克体重，肌肉注射，每日2次。

2. 链霉素，10毫克/千克体重，肌肉注射，每日2次。

3. 有全身症状的狗狗，可对症治疗，给予镇咳、祛痰，如喷托维林、咳平0.5毫克/千克体重，每日2次。

# 普通病的防治

狗狗易患的普通病有很多，常见的有胃炎、肠炎、肝炎、感冒、便秘等，这些疾病对狗狗的健康和成长发育都有很大的影响，一旦忽视，这些疾病就会变得严重甚至是引发其他疾病。一定要细心照顾狗狗，及时发现狗狗所患的疾病，及时治疗，以免给它造成更大的伤害。

## 🦴 胃炎有什么症状？如何防治？

胃炎是指胃黏膜的急性或慢性炎症。是狗狗最常见的一种疾病，有的可影响到肠黏膜，导致胃肠炎。

此病可分为急性和慢性两种，但犬所患的胃炎，以急性居多。

此病主要是摄食腐坏变质且不易消化的食物、异物或服用了刺激性强的药物所引起，也可能由其他疾病继发，如犬瘟热、犬传染性肝炎、犬细小病毒性肠炎、肝吸虫、胰腺炎、肾炎、肠道寄生虫病等。

### 症状

临床上以患病的狗狗出现精神沉郁、呕吐和疼痛为其主要特征，初期吐出物主要为食糜，以后则为泡沫状黏液和胃液。患病的狗狗有较强的口渴感，但饮后即吐，食欲减少甚至不食，有脱水、消瘦症状，或因腹痛而表现不安。呕吐严重时，可出现脱水或电解质紊乱症状，检查口腔时，常可见到黄白色舌苔和闻到臭味。

若由食用异物引起，可见呕吐物中有异物和血液。触诊腹部敏感反抗，喜欢蹲坐或趴卧于凉的地面。

### 预防

1. 须限制狗狗的饮食，不可过量喂饲或喂饲不宜消化的食物。

2. 要让狗狗养成除了喂饲的食物外，不随便乱吃其他食物。

3. 喂饲的食物，尤其是肉类食品，必须新鲜和清洁，不喂生肉和因长期贮存而变质的食物。

4. 不让狗狗和其他禽畜为伍，防止其偷吃禽食或畜食。

### 治疗

1. 在狗狗患病初期，应停饲食物24小时，多供饮清洁饮水（加少量小冰块），或喂以米汤、稀粥。数天后可逐渐恢复正常饮食。

2. 当患病的狗狗呕吐严重有脱水危险时，应予镇静止吐。可每次肌肉注盐酸氯丙嗪1.1~6.6毫克/千克体重，或用硫酸阿托品0.3~1毫克/次，肌肉或皮下注射，每日2~3次。

3. 及时消炎。用庆大霉素1万单位/千克体重，肌肉注射，每日2次；也可口服2万单位/千克体重，每日2次。

4. 对于脱水禁食的患病狗狗，可静脉滴注葡萄糖盐水30毫升/千克体重，浓度为5%的碳酸氢钠注射液2毫升/千克体重，每日1次。

## 🦴 胃扩张有什么症状？如何防治？

胃扩张是由于胃内液体、食物和气体积聚而使胃发生过度扩张所引起的一种疾病。个体较大的狗狗比较多见。

产生此病的原因是狗狗过多采食干燥和难以消化或容易发酵的饲料后，立即剧烈运动或饮用大量冷水。

此病可分为急性胃扩张和继发性胃扩张。前述属于急性扩张。继发性胃扩张，主要是继发于胃扭转、胃内异物、幽门阻塞、小肠梗阻、蛔虫阻塞、小肠扭转及肠套叠。此外，慢性肝脏、胆囊、胰腺疾病也可继发慢性胃扩张。

### 症状

患病的狗狗表现为腹痛嚎叫、不安，可见嗳气、流涎呕吐、呼吸浅快、心动过速、结膜绀红、腹围增大、触摸腹部有疼痛感。严重病例可因脱水、酸中毒、胃破裂及心力衰竭死亡。

### 预防

1. 平时喂饲，要注意均衡和适量，不应忽多忽少，饲料中要有一定水分，不可过于干燥。

2. 不要喂很难消化或容易发酵的饲料。

3. 家养的狗狗，要定时定量均衡喂饲，带狗狗外出时，不要让它乱吃路边不洁净的食物。

### 治疗

1. 排除胃内积物，缓解气胀，可服淡食用醋5～10毫升、液状石蜡5～10毫升，或乳酸2毫升，每日1～2次。

2. 可选用哌替啶1毫克/千克体重，起镇痛作用。

3. 对严重脱水的狗狗，应给予静脉补液疗法。

4. 如通过上述方法无效，或因肠扭转等各种异物引起的胃扩张，可施行开腹探查术，除去病因。

## 肠炎有什么症状？如何防治？

肠炎，是肠结膜及其深层组织发生炎症的总称，它可作为仅侵害小肠的一种独立疾病，但更常见的是胃、小肠和结肠的广泛性炎症。

通常所说的肠炎，是包括小肠、胃和结肠炎症的通称，这种病是狗狗常见的疾病之一。

引起肠炎的病因大多与胃炎的病因相似，如因吃了腐坏和被污染的食物，误食毒饵和刺激性强的药物、异物等。但此病多因某些传染病、寄生虫病、中毒病继发引起。如犬瘟热、细小病毒、冠状病毒、蛔虫、绦虫、鞭虫、钩虫、滴虫、有机磷中毒及其他农药中毒。

另外，致病细菌，如大肠杆菌、沙门氏菌、变形杆菌等也可引起肠炎。

### 症状

此病的主要症状是：腹泻、腹痛、肠蠕动音增强、发热和毒血症。

狗狗患急性肠炎多以卡他炎症出现，少食或拒食。不时呕吐，先呕吐食物，而后吐出胆汁样泡沫液体，继而下痢，泻粪如汤水，散发出恶臭、便中带血、触摸腹部有疼痛反应，体温升高。

症状重的，精神沉郁，高度脱水，全身无力，心动过速。慢性肠炎，病程缓慢，长期腹泻，粪便中伴有黏液，逐渐脱水，身体消瘦。

## 预防

1. 平时喂饲的饲料应注意清洁卫生，喂饲要有规律，定时定量，不可让犬饱一顿、饥一顿。

2. 饲料中的肉类一定要新鲜，不可用不新鲜或受过污染的肉类作为饲料，且一定要将肉类煮熟后再喂，不可喂生肉。

3. 不可将上顿吃剩的食物作为下顿食物再喂，尤其是热天，每顿都应喂新制作的饲料。

4. 不能让狗狗乱吃喂饲以外的食物。在带狗狗外出散步时，应给狗狗戴上口罩，不让它吃路上的其他食物。

## 治疗

1. 出现发病症状后应立即停止供食24小时，只给少量饮水，之后只可喂盐水米汤（每100毫升米汤中加入食盐1克）。

2. 使用缓泻剂如硫酸钠、人工盐适量口服，以清理肠胃。

3. 用黄连素0.1～0.5克，每日3次内服。也可用磺胺脒0.1～0.3克/千克体重，分2～3次内服。

4. 对非细菌性肠炎，在积粪已基本排除，粪便已无酸臭味，但仍剧泻不止的患病狗狗，应给收敛药物以止泻。如药用炭0.5～2克、鞣酸蛋白0.5～2克或碱式硝酸铋0.3～1克，每日内服3次。

5. 防止脱水与电解质失调，应给狗狗静脉滴注林格尔氏液100～500毫升，维生素C 100～500毫克，浓度为25％的葡萄糖液20毫升，每日静脉滴注1～2次。

## 急性肝炎有什么症状？如何防治？

急性肝炎是指肝实质细胞的炎症，临床上以黄疸、急性消化不良为特征。

此病可由多种原因引起：

1. 由传染性病毒引起。

2. 由毒物刺激及药物刺激引起，如吃入砷、汞、氯仿、四氯化碳、磷、植物性生物碱、酚等毒物或反复服用氯丙嗪、睾酮、氟烷等药物。

3. 由寄生虫引起，如华支睾吸虫、后睾吸虫寄生于肝脏胆管内，虫体释放毒素损伤肝细胞造成肝炎。

### 症状

患病的狗狗精神沉郁、食欲减退、全身无力、体温正常或稍高，行动迟缓。有的患病狗狗先表现兴奋、不安，以后转为沉郁、昏睡或昏迷。可视皮肤出现不同程度的黄疸症状。

患病的狗狗呈现消化不良、呕吐等症状。粪便初时干燥，之后腹泻，臭味大、粪色淡。尿少、色黄，尿中可查出有胆红素。血液检查生化指标明显变化，血清胆红质增高。肝脏肿大，触摸最后肋骨弓后缘时，患病的狗狗有疼痛感，叩诊时，肝脏浊音区扩大，采血做肝功能检查时，各项指标可呈现阳性反应。

慢性肝炎期，可见有长期缺乏食欲、消化不良，触诊肝肿大、敏感，均可怀疑为此病。确诊需实验室肝功化验及尿液化验和临床症状相结合。

### 预防

1. 预防主要依靠定期注射疫苗。常用的疫苗有犬传染性肝炎灭活疫苗和弱毒疫苗、二联苗（加上犬瘟热疫苗）或三联苗（二联苗再加上犬钩端螺旋体菌苗）等。

2. 应用二联或三联疫苗，一般可在幼犬9周龄时进行第一次免疫接种，然后在15周龄时再接种一次。

3. 平时饲养时，应注意避免与其他患病的狗狗接触，以防感染。

### 治疗

保肝利胆，以增强肝脏解毒功能。

1. 用氨苄西林或先锋霉毒50克/千克体重，肌肉注射，每日2次，以控制感染。

2. 用维生素$B_1$ 10毫克/千克体重，维生素$B_{12}$ 0.5毫克/千克体重，肌肉注射，每日1次。

3. 浓度为25％的葡萄糖注射液2～3毫升/千克体重，三磷腺苷注射液2～3毫克/千克体重，辅酶A 10单位/千克体重，维生素C 20毫克/千克体重，复方盐水30毫升/千克体重混合静脉滴注，每日1次。

4. 健胃、调节胃肠功能。

## 感冒有什么症状？如何防治？

狗狗感冒是以上呼吸道黏膜炎症为主的急性全身性疾病，在气候多变的季节较为多见。

此病多因突然遭受寒冷刺激引起，如天气骤变、犬舍气温低、犬露宿室外，洗澡后没有及时将被毛吹干、过度劳累、淋雨等。

某些呈高度接触传染性和明显由空气传播的感冒则可能是病毒引起的流行性感冒。

### 症状

狗狗患了感冒，大多表现为精神沉郁，体温升高，食欲减退，呼吸加快，结膜潮红，轻度肿胀，畏光流泪，流鼻涕，初为浆液性，以后变为黄色黏稠状。四肢末端和耳尖发凉，咳嗽，打喷嚏，胸部听诊肺泡音增强，心跳加快。

幼犬发病时，常因免疫功能和抵抗力降低而继发其他传染病。

### 预防

1. 天气突然转冷时，要保持犬舍的温度，不让狗狗遭受寒冷的袭击。

2. 平时给予狗狗的活动要适度，不可过于剧烈或运动时间过长，造成狗狗过度劳累。

3. 带狗狗外出散步时，若被雨淋，要立即将狗狗身上的水分擦干，并给予保暖，不要使狗狗受冷。

4. 为狗狗洗澡后要及时将毛上的水分擦干，有条件的要用电吹风将毛吹干，以防止狗狗受凉后感冒。

5. 加强狗狗的耐寒锻炼，增强狗狗的肌体抗寒能力。

## 治疗

治疗此病应及时祛寒，除去病因，防止继发感染。

1. 早期可肌肉注射阿尼利定液或百尔定液，每天1次，每次2毫升。也可内服对乙酰氨基酚，用量为0.1~1克/次。

2. 柴胡注射液1~2毫升，肌肉注射，每日2次。

3. 青霉素5万单位/千克体重，肌肉注射，每日2次。

## 便秘有什么症状？如何防治？

狗狗便秘是由于某些因素使肠蠕动能出现障碍，肠内容物滞留在肠腔内，其水分被吸收逐渐变干变硬，使肠道完全阻塞而引起的。此病多见于老龄犬。

引起便秘的原因有多种，如：营养不良，慢性消耗性疾病造成肠弛缓，使肠内容物后送无力，停滞于肠道中；平时吃进的食物过少，对肠道的刺激不足；或长期喂饲干性食物，饮水量过少；或吃入过量的骨头、骨粉等，使肠内积滞成一种不易移动的硬块；或平时吃进了不少沙土等杂物，积滞在肠内不易移动；或腹部有肿瘤，腹肌损伤；或因肛门有疾病，如肛门囊腺炎、肛门损伤；或服用阿托品、碳酸钙等药物，引起阻滞；或骨软症引起腰椎下陷压迫直肠；或因支配排便的神经异常，脊髓炎；或盆骨有疾病，如骨盆骨折、狭窄；或是有前列腺增生、直肠狭窄等疾病。

## 症状

患病初期的狗狗，精神状态不佳，没有十分明显的食欲减退，而后出现精神不安，不食、呕吐；口渴增加，脉搏加快，可视黏膜发绀。常因腹痛吠叫，肠音减弱或消失，腹围增大，伴有脱

水、呼吸增快等症状。腹部触诊可摸到干硬块或条状的粪便结。

### 预防

1. 喂给狗狗的饲料，应略带水分，不宜过分干燥。

2. 每日应供饮水1~3次，尤其是天气较热的季节，饮水次数应增加。

3. 带狗狗外出散步时，应给它戴上口罩，防止它乱吃头发和塑料等不能消化的杂物。

4. 每天给狗狗散步、奔跑和跳跃的机会，使其消化及循环系统能正常工作，避免处于停滞状态。

### 治疗

此病的治疗可根据病情决定施行是口腹泻剂，灌肠，还是手术。

1. 可口服酚酞片或果导片，20毫克/千克体重，每天1~2次，用于轻度便秘。

2. 患病早期的狗狗，可用液状石蜡5~30毫克，灌肠。

3. 轻度便秘，内服蜂蜜也可收到较好效果。

4. 服用缓泻药，如硫酸钠5~30克，水200毫升，1次灌服。

5. 重度便秘应在给予灌肠的同时，结合腹外按压法治疗。用温肥皂水灌肠，边灌边按压结块，常可获得较好的效果。

6. 对于经灌肠和药物治疗不见效的，应实行腹腔手术，将残留粪便取出。

# 索引

## A
阿富汗猎犬 ················ 204

## B
北京犬 ····················· 68
贝生吉犬 ·················· 172
比格犬 ···················· 152
波士顿犬 ·················· 120
博美犬 ····················· 60
布鲁塞尔格里丰犬 ········· 104

## C
查理王犬 ·················· 100

## D
大麦町犬 ·················· 188
丹迪丁蒙㹴 ················ 116
德国狼犬 ·················· 184

## F
法国斗牛犬 ················ 148

## G
古牧犬 ···················· 192

## H
哈巴犬 ···················· 128
蝴蝶犬 ····················· 72
惠比特犬 ·················· 160

## J
吉娃娃犬 ··················· 48
金色猎犬 ·················· 176
卷毛比熊犬 ················· 64

236 Keep a dog

## K
凯利兰犬·················· 164

## L
腊肠犬·················· 76

## M
马尔济斯犬·················· 92
曼彻斯特㹴·················· 124
美国可卡犬·················· 168
迷你雪纳瑞犬·················· 52

## Q
秋田犬·················· 136

## R
日本狐狸犬·················· 156
日本狮子犬·················· 88

## S
萨摩犬·················· 180
斯开岛㹴·················· 112
松狮犬·················· 140
苏格兰牧羊犬·················· 196

## T
泰迪犬·················· 56

## W
威尔斯柯基犬·················· 132

## X
西里汉㹴·················· 108
西施犬·················· 80

## Y
英格兰雪达犬·················· 200
约克夏犬·················· 96

## Z
中国冠毛犬·················· 84
中国沙皮犬·················· 144

## 没关系，是图解啊

用图片阅读生活点滴，用心去享受闲情逸致。雅致草堂，用真实、唯美的图片，图解每一个小细节，为您的生活送去一份闲情雅致。

## 乐享雅致生活

**绿色空气净化方案**
定价：39.90元

**观花养花工具书**
定价：49.90元

**动植物百科全书**
定价：49.90元

乐享雅致生活
尽在**雅致草堂**新浪微博
花草园艺作家出版热线0431-85642539
雅致草堂QQ：2869239128

1. 请对我有耐心。
2. 请你相信我，只要这样我就感到很幸福了。
3. 请不要忘记我也有心。
4. 我不听你的话是有原因的。
5. 请多和我说说话，虽然我不会说人类的语言，但我能明白你的意思。
6. 别打我，请别忘了如果要动起真格来我比你厉害。
7. 如果我老了，请照顾我。
8. 我只能活十年左右，所以请尽量和我在一起。
9. 你能去上学、有很多朋友，但我只有你。
10. 当我死的时候，请陪伴在我身边，请你记住，我永远爱你。

电影《我与狗狗的十个约定》中，小女孩与狗狗的十个约定，送给每一个爱狗的人，愿我们对狗狗都能始终如一，不忘初心。

## 参编人员名单：

安秀荣　柴瑞成　崔　一　程莉莉　戴松和　邓晶晶
范小路　方国良　冯青官　冯扬泰　冯　奕　高彩云
高　杰　李　利　李青凤　牛东升　石　爽　王宪明

雅致草堂
YAZHI CAOTANG

用图片阅读生活点滴